建筑工程质量检测技术系列丛书

主体结构

主　审　高小旺

主　编　周恩泽

中国建材工业出版社

图书在版编目（CIP）数据

主体结构/周恩泽主编．--北京：中国建材工业
出版社，2018.11（2023.2重印）
（建筑工程质量检测技术系列丛书）
ISBN 978-7-5160-2417-1

Ⅰ.①主… Ⅱ.①周… Ⅲ.①建筑工程—结构工程—
工程质量—质量检验 Ⅳ.①TU712

中国版本图书馆 CIP 数据核字（2018）第 212736 号

内 容 提 要

随着城镇化建设和检测技术的发展，各类建筑工程对主体结构检测的要求日益提高。本书依据最新标准规范，以检测项目为核心，全面阐述了各检测项目的检测方法、操作步骤以及结果判定等，并结合工程经验对有关注意事项进行了说明，对部分相对复杂的检测项目列举了实例。

本书涵盖了当前主体结构检测的主要方面，力求规范、系统、实用。本书既为刚涉足此领域的技术人员提供了一本入门指南，也为具有一定专业水平的检测人员提供了一本内容充实的工具书。本书可作为主体结构检测人员的培训教材，也可供相关工程技术人员参考使用。

主体结构

主审　高小旺

主编　周恩泽

出版发行：中国建材工业出版社

地　　址：北京市海淀区三里河路 11 号

邮　　编：100831

经　　销：全国各地新华书店

印　　刷：北京雁林吉兆印刷有限公司

开　　本：787mm×1092mm　1/16

印　　张：9.5

字　　数：200 千字

版　　次：2018 年 11 月第 1 版

印　　次：2023 年 2 月第 3 次

定　　价：**69.00 元**

编 委 会

主审：高小旺
主编：周恩泽
参编：武海蔚　谢　冰　赵　斌
　　　李贝贝　胡晓强　李　帅

前　言

当前，我国城镇化建设已跨入以城市群为主体的区域协调发展新格局，大中小城市和小城镇的各类建筑工程也逐步由规模扩张转向品质提升，社会各界对建筑工程的质量也愈加关注。为保证工程质量，推动建筑工程质量检测行业的发展，我们编写了《建筑工程质量检测技术系列丛书》。

本丛书以检测标准为依据，以检测项目为核心，在总结教学培训以及检测实践的基础上，对各检测项目的环境条件、仪器设备、试验步骤、结果判定以及注意事项等方面进行了全面系统的阐述。丛书由《结构材料》《功能材料》和《主体结构》3个分册组成。在编写过程中，总结了当前工程各方对质量检测的实际需求，参考了行业相关文献及技术资料，结合了国家及地方主管部门对检测人员的考核要求，征求了工程领域有关专家的意见，突出实用性和操作性。本丛书既是建筑工程质量检测人员的培训教材，也可供建设、设计、施工、监理、质监等单位技术人员学习、参考。

《主体结构》共分6章，包括绪论、混凝土结构强度、混凝土构件结构性能、砌体结构强度、构件其他性能和后置埋件力学性能。第1章、第2章、第4章、第5章5.1节、第6章由周恩泽编写，第3章由武海蔚编写，第5章5.2节由谢冰编写。全书由周恩泽统稿，李贝贝、胡晓强、李帅配图、校对并参与部分编写工作，赵斌总校审。本书所引用标准规范均为当前最新版本，使用本书时应注意相关标准规范的修订变更情况。

由于编者的水平和经验有限，编写时间仓促，书中错误和不足之处敬请读者、专家通过邮件（周恩泽，zhouenze420@126.com）批评指正。

编者

2018 年 6 月

目　　录

第1章 绪 论

　　建筑工程质量检测是建筑工程检测机构依据国家有关法律、法规、技术标准等规范性文件的要求，采用科学手段确定建筑工程的建筑材料、构配件、设备器具，分部、分项工程实体及其施工过程、竣工及在用工程实体等的质量、安全或其他特性的全部活动。建筑工程质量检测的主要内容包括：建筑材料检测、地基及基础检测、主体结构检测、室内环境检测、建筑节能检测、钢结构检测、建筑幕墙和门窗检测、通风与空调检测、建筑电梯运行试验检测、建筑智能系统检测等。

　　本章着重介绍对主体结构检测机构的能力要求及主体结构检测的主要工作内容。

1.1 基本概念

1. 工程结构检测

　　利用仪器设备，按照一定的操作程序，通过一定的技术手段采集工程结构试验数据，并把所采集的数据按照规定方法进行处理，从而得到所检测对象的某些特征值的过程。

2. 检验批

　　按相同的生产条件或规定的方式汇总起来供抽样检验用的、由一定数量样本组成的检验体。

3. 测区

在检测时确定的检测区域。

4. 测点

测区内的检测点。

5. 代表值

按检验批抽样检测，检测时，可代表测区水平的数值，通常取测区全部测试数值的平均值或最小值。

6. 换算值

根据测得的数据，通过回归曲线或特定表格换算所得的待测参数值。

7. 推定值

按检验批抽样，对应于换算值总体分布中具有一定保证率的估计值。

8. 置信度

被测试量的真值落在某一区间的概率。

9. 推定区间

被测试量的真值落在指定置信度的范围，该范围用于被测试量推定的上限值和下限值界定。

1.2　检测机构能力

从事建筑工程质量检测的机构，应按规定取得住房和城乡建设主管部门颁发的资质证书及规定的检测范围，具有独立法人资格，具备相应的检测技术和管理工作人员、检测设备、环境设施，建立相关的质量管理体系及管理制度，对于日常检测资料管理应包括（但不限于）检测原始记录、台账、检测报告、检测不合格数据台账等内容，并定期进行汇总分析，改进有关管理方法等。检测机构的质量管理体系应符合《检测机构资质认定评审准则》的要求及本单位的具体情况，要覆盖本单位的全部部门及所有的管理和检测活动。检测机构应对出具的检测数据和结论的真实性、规范性和准确性负法律责任。

1. 检测人员

检测机构应根据其检测机构类别、技术能力标准、检测项目及业务量，配备相应数量的管理人员和检测技术人员。对所有从事抽样、检测、签发检测报告以及操作设备等工作的人员，应按要求根据相应的教育、培训、经验或可证明的技能，进行资格确认并持证上岗。从事特殊产品的检测活动的检测机构，其专业技术人员和管理人员还应符合相关法律、行政法规的规定要求。

检测机构的负责人应遵守国家有关检测管理法规和技术规范，负责全面工作，建立相应的管理制度，并督促落实。做到按检测工作类别、技术能力、标准规范开展检测工作，保证检测工作质量，检测机构技术主管、授权签字人应具有工程师以上（含工程师）技术职称，熟悉业务，经考核合格。

检测机构人员应更新知识，掌握最新检测技术，跟踪最新技术标准。检测机构要制订检测人员年度继续教育计划，检测人员每年参加脱产继续教育的学时应符合国家和地方的有关要求。检测机构应建立检测人员业务档案，其内容应包括：人员的学历、资格、经历、培训、继续教育、业绩、奖惩、信誉等信息。

检测人员不得同时受聘于两个及两个以上检测机构从事检测活动，并对检测数据负有保密责任。

主体结构的检测机构应配备达到规定检测工作经历及检测工作经验的工程师及以上技术人员不少于 4 人，其中 1 人应当具备一级注册结构工程师资格；每个检测项目经考核持有效上岗证的检测人员不少于 3 人；报告审核人、批准人为工程类相关专业工程师及以上技术人员。

2. 检测设备

检测机构应正确配备进行检测（包括抽样、样品制备、数据处理与分析）所需的抽样、测量和检测设备（包括软件）及标准物质，并对所有仪器设备进行正常维护。设备应由经过授权的人员操作。设备使用和维护的有关技术资料应便于有关人员取用。

检测机构应制订设备检定/校准计划。对检测设备的检测和校准的准确性产生怀疑时，应按照国家相关技术规范或者标准进行检定/校准，以保证结果的准确性。

检测机构应制订检测设备的维护保养、日常检查制度和计量器具期间核查计划，确保检测设备符合使用要求，并做好相应记录。计量器具期间，核查工作计划应包括期间核查对象、期间核查时间间隔、方法和结果判断等内容。

当检测设备出现下列情况之一时应进行校准或检测：

（1）可能对检测结果有影响的改装、移动、修复和维修后；

（2）停用超过校准或检测有效期后再次投入使用；

（3）检测设备出现不正常工作情况；

（4）使用频繁或经常携带运输到现场的，以及在恶劣环境下使用的检测设备。

检测机构应保存对检测或校准器具有重要影响的设备及其软件的档案。该档案至少应包括以下9个方面的内容：

（1）设备及其软件的名称；

（2）制造商名称、型式标识、系列号或其他唯一性标识；

（3）对设备符合规范的核查记录（如果适用）；

（4）当前的位置（如果适用）；

（5）制造商的说明书（如果有），或指明制造商的地址；

（6）所有检定/校准报告或证书；

（7）设备接收/启用日期和验收记录；

（8）设备使用和维护记录（适当时）；

（9）设备的任何损坏、故障、改装或修理记录。

3. 检测设施与环境

检测机构的检测设施以及环境条件应满足相关法律法规、技术规范或标准的要求。如果检测的设施和环境条件对结果的质量有影响时，检测机构应监测、控制和记录环境条件。在非固定场所进行检测时，应特别注意环境条件的影响。环境条件记录应包括环境参数测量值、记录次数、记录时间、监控仪器编号、记录人签名等。

为保证检测工作的正常进行及对客户信息的保密要求，应对检测工作区域严格管理。在一般情况下，与检测工作无关的人员和物品不得进入工作区。

检测机构应建立并保持安全作业的管理制度，确保化学危险品、毒品、有害生物、电离辐射、高温、高电压、撞击以及水、气、火、电等危及安全的因素和环境得以有效控制，并有相应的应急处理措施。

检测工作场所的能源、电力供应、室内空气质量、温度、湿度、通风、光照、光线、清洁度应满足所开展检测工作的需要，应保证工作场所的卫生、噪声、磁场、震动、灰尘等环境条件不得对检测结果造成影响。

检测机构应建立并保持环境保护的管理制度，具备相应的设施设备，确保检测工作过程中产生的废弃物、废水、废气、噪声、振动、灰尘及有毒物质等的处置，应符合环境保护和人身健康、安全等方面的有关规定，并有相应的应急处理措施。

4. 检测方法

建筑结构现场检测应根据检测类别、检测目的、检测项目、结构实际状况和现场具体条件选择适用的检测方法。检测机构应按照相关技术规范或者标准，使用适合的方法和程序实施检测活动。检测机构应优先选择国家标准、行业标准、地方标准，并应确保使用标准的现行有效版本。与检测机构工作有关的标准、手册、指导书等都应现行有效并便于工作人员使用。

应确认所选用的检测方法。当选用有相应标准的检测方法时，在正常情况下应优先采用工程质量验收规范中规定的抽样、检测方法及评价标准；对于通用的检测项目，应选用国家标准或行业标准；对于有地区特点的，宜选用地方标准。

当采用检测单位自行开发或引进的检测仪器及检测方法时，应符合下列规定：

（1）该仪器或方法应通过技术鉴定；

（2）该方法已与成熟的方法进行比对试验；

（3）检测单位应有相应的检测细则，并提供测试误差或测试结果的不确定度；

（4）在检测方案中应予以说明并经委托方同意。

当检测试验项目需采用非标准方法时，应在检测委托合同中说明，检测机构应编制相应的检测作业指导书，并征得委托方书面同意。作为工程质量交工资料时，还应取得当地住房和城乡建设主管部门的认可。

1.3 工作基本程序与要求

对于一般的建筑工程质量的现场检测工作，其检测工作的基本程序，宜按图 1-1 进行。

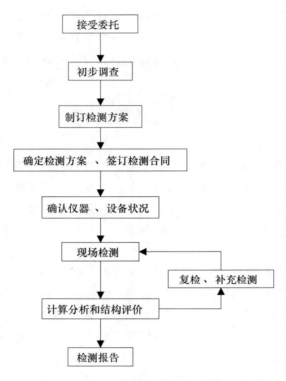

图 1-1 建筑结构现场检测工作程序框图

接受委托前，检测机构应根据本单位的资质情况、人员情况、设备情况进行综合分析，以确定本单位的资源配备情况能否满足客户的需求。现场检测工作可接受单方委托，对于存在质量争议的工程质量检测宜由当事各方共同委托。委托书中一般要明确检测的目的、具体检测项目、依据标准等内容。检测机构不得接受不符合有关法律、法规和技术标准规定的检测委托。

初步调查应以确认委托方的检测要求和制订有针对性的检测方案为目的。初步调查可采取踏勘现场、搜集和分析资料及询问有关人员等方法。

对于每项建筑工程现场检测，一般均需制订检测方案。检测方案要详细、周密，要具有良好的可操作性；对于现场检测工作，具有较强的指导性。一般的检测方案宜包括（但

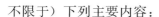

不限于）下列主要内容：

（1）工程或结构概况，包括结构类型、设计、施工及监理单位，建造年代或检测时工程的进度情况等；

（2）委托方的检测目的或检测要求；

（3）检测的依据，包括检测所依据的标准及有关的技术资料等；

（4）检测范围、检测项目和选用的检测方法；

（5）检测的方式、检验批的划分、抽样方法和检测数量；

（6）检测人员和仪器设备情况；

（7）检测工作进度计划；

（8）需要委托方配合的工作；

（9）检测中的安全与环保措施。

检测方案一般由检测项目负责人组织编制、检测机构技术负责人批准。必要时检测方案须经委托方的同意。

现场检测所用仪器、设备的适用范围和检测精度应满足检测项目的要求。检测时，所用仪器、设备应在检定或校准周期内，并应处于正常状态。

现场检测工作应由本机构不少于两名检测人员承担，所有进入现场的检测人员应经过培训。

现场检测获取的数据或信息应符合下列要求：

（1）人工记录时，宜用专用表格，并应做到数据准确、字迹清晰、信息完整，不应追记、涂改，当有笔误时，应进行杠改并签字确认；

（2）仪器自动记录的数据应妥善保存，必要时宜打印输出后经现场检测人员校对确认；

（3）图像信息应标明获取信息的时间和位置。

现场取得的试样应及时标识并妥善保存。

当发现检测数据数量不足或检测数据出现异常情况时，应进行补充检测或复检，补充检测或复检应有必要的说明。

1.4　记录报告及档案管理

1. 原始记录

检测机构应有适合自身具体情况并符合本单位质量管理体系的记录制度。检测机构质量记录和技术记录的编制、填写、更改、识别、收集、索引、存档、维护和清理等应当按照适当程序规范进行。每次检测的原始记录应包含足够的信息以保证其能够再现。记录应包括参与抽样、样品准备、检测和/或校准人员的识别，所有记录、证书和报告都应安全储存、妥善保管并为客户保密。检测机构对所有工作应在工作当时予以记录，不允许事后补记或追记。

现场检测原始记录应包括的内容（但不限于）：

（1）委托单位、工程名称、工程部位、见证人员的单位；

（2）委托合同编号；

（3）检测地点、检测部位；

（4）检测日期、检测开始及结束的时间；

（5）检测人员、复核人员和见证人员的签名；

（6）使用的主要检测设备名称和编号；

（7）检测的依据标准；

（8）如果检测工作对其环境条件有要求，还应对检测的环境条件进行记录。

2. 检测报告

检测机构应按照相关技术规范或者标准要求和规定的程序，及时出具检测数据和结果，检测报告应结论准确、客观、真实，用词规范、文字简练，对于容易混淆的术语和概念应以文字解释或图例、图像说明。报告应使用法定计量单位。

一般检测报告应包括下列内容（但不限于）：

（1）委托单位名称；

（2）建筑工程概况，包括工程名称、结构类型、规模、施工日期及现状等；

（3）设计单位、施工单位及监理单位名称；

（4）检测原因、检测目的及以往相关检测情况概述；

（5）检测项目、检测方法及依据的标准（包括偏离情况的描述）；

（6）检验方式、抽样方案、抽样方法、检测数量与检测的位置；

（7）检测项目的主要分类检测数据和汇总结果、检测结果、检测结论；

（8）检测日期、报告完成日期；

（9）主检人员、审核人员和批准人员（授权签字人）的签名；

（10）检测机构的有效印章。

检测机构应就委托方对报告提出的异议作出解释或说明。如果由于种种原因，需对已发出的报告进行实质性修改，应以追加文件或更换报告的形式实施，并应包括如下声明："对报告的补充，系列号……（或其他标识）"，或其他等效的文字形式。报告修改的过程和方式应满足本单位的相关要求，若必须发新报告时，应有唯一性标识，并注明所替代的原件。

3. 档案管理要求

检测资料档案应包含检测委托合同、委托单、检测原始记录、检测报告和检测台账、检测结果不合格项目台账、检测设备档案、检测方案、其他与检测相关的重要文件等。

检测机构的档案管理应由技术负责人负责，并由专（兼）职档案员管理。

检测档案可是纸质文件或电子文件。电子文件应与相应的纸质文件材料一并归档保存。电子文件应多路径保存，并在相应纸质文件上注明保存路径。

检测资料档案保管期限，检测机构自身的资料保管期限应分为 5 年和 20 年两种。涉及结构安全的试块、试件及结构建筑材料的检测资料汇总表和有关地基基础、主体结构、钢结构、市政基础设施主体结构的检测档案等宜为 20 年；其他检测资料档案保管期限宜为 5 年。

保管期限到期的检测资料档案销毁应进行登记、造册后经技术负责人批准。销毁登记册保管期限不应少于 5 年。

1.5　抽样及结果判定方法

1. 抽样方法

建筑工程质量检测可采取全数检测或抽样检测两种方式。如果采用抽样检测时，应随机抽取样本（实施检测的对象）。当不具备随机抽样条件时，可按约定方法抽取样本。抽样的方案原则上应经委托方同意。

全数检测方式一般适用于下列几种情况：

（1）外观缺陷或表面损伤的检查；

（2）受检范围较小或构件数量较少；

（3）检验指标或参数变异性大或构件状况差异较大；

（4）灾害发生后对结构受损情况的外观检查；

（5）需减少结构的处理费用或处理范围；

（6）委托方要求进行全数检测。

如果进行批量检测，抽样方法应采取随机抽样的方法，其检验批最小样本容量应按表 1-1 确定。

表 1-1　检验批最小样本容量

检验批的容量	检测类别和样本最小容量			检验批的容量	检测类别和样本最小容量		
	A	B	C		A	B	C
2～8	2	2	3	151～280	13	32	50
9～15	2	3	5	281～500	20	50	80
16～25	3	5	8	501～1200	32	80	125
26～50	5	8	13	1201～3200	50	125	200
51～90	5	13	20	3201～10000	80	200	315
91～150	8	20	32	—	—	—	—

注：1. 检测类别 A 适用于施工质量的一般检测，检测类别 B 适用于结构质量或性能的一般检测，检测类别 C 适用
于结构质量或性能的严格检测或复检。

2. 无特别说明时，样本单位为构件。

2. 结果判定

检测结果的判定，对于计数抽样检验批的合格判定，应符合下列规定：当检测的对象
为主控项目时按表 1-2 判定；检测的对象为一般项目时按表 1-3 判定。特殊情况下，也可
由检测方与委托方共同确定判定方案。

表 1-2　主控项目的判定

样本容量	合格判定数	不合格判定数	样本容量	合格判定数	不合格判定数
2～5	0	1	80	7	8
8～13	1	2	125	10	11
20	2	3	200	14	15
32	3	4	315	21	22
50	5	6	—	—	—

表 1-3　一般项目的判定

样本容量	合格判定数	不合格判定数	样本容量	合格判定数	不合格判定数
2～5	1	2	32	7	8
8	2	3	50	10	11
13	3	4	80	14	15
20	5	6	125	21	22

对于计量性抽样检测，如果其性能参数符合正态分布，可对该参数总体特征值或总体
均值进行推定，推定时应提供被推定值的推定区间，标准差未知时，计量抽样方案样本容
量与推定区间限值系数可按表 1-4 确定。

表 1-4 计量抽样标准差未知时推定区间上限值与下限值系数

样本容量 n	标准差未知时推定区间上限值与下限值系数					
	0.5 分位值		0.05 分位值			
	$k_{0.5}(0.05)$	$k_{0.5}(0.1)$	$k_{0.05,u}(0.05)$	$k_{0.05,l}(0.05)$	$k_{0.05,u}(0.1)$	$k_{0.05,l}(0.1)$
5	0.95339	0.68567	0.81778	4.20268	0.98218	3.39983
6	0.82264	0.60253	0.87477	3.70768	1.02822	3.09188
7	0.73445	0.54418	0.92037	3.39947	1.06516	2.89380
8	0.66983	0.50025	0.95803	3.18729	1.09570	2.75428
9	0.61985	0.46561	0.98987	3.03124	1.12153	2.64990
10	0.57968	0.43735	1.01730	2.91096	1.14378	2.56837
11	0.54648	0.41373	1.04127	2.81499	1.16322	2.50262
12	0.51843	0.39359	1.06247	2.73634	1.18041	2.44825
13	0.49432	0.37615	1.08141	2.67050	1.19576	2.40240
14	0.47330	0.36085	1.09848	2.61443	1.20958	2.36311
15	0.45477	0.34729	1.11397	2.56600	1.22213	2.32898
16	0.43826	0.33515	1.12812	2.52366	1.23358	2.29900
17	0.42344	0.32421	1.14112	2.48626	1.24409	2.27240
18	0.41003	0.31428	1.15311	2.45295	1.25379	2.24862
19	0.39782	0.30521	1.16423	2.42304	1.26277	2.22720
20	0.38665	0.29689	1.17458	2.39600	1.27113	2.20778
21	0.37636	0.28921	1.18425	2.37142	1.27893	2.19007
22	0.36686	0.28210	1.19330	2.34896	1.28624	2.17385
23	0.35805	0.27550	1.20181	2.32832	1.29310	2.15891
24	0.34984	0.26933	1.20982	2.30929	1.29956	2.14510
25	0.34218	0.26357	1.21739	2.29167	1.30566	2.13229
26	0.33499	0.25816	1.22455	2.27530	1.31143	2.12037
27	0.32825	0.25307	1.23135	2.26005	1.31690	2.10924
28	0.32189	0.24827	1.23780	2.24578	1.32209	2.09881
29	0.31589	0.24373	1.24395	2.23241	1.32704	2.08903
30	0.31022	0.23943	1.24981	2.21984	1.33175	2.07982
31	0.30484	0.23536	1.25540	2.20800	1.33625	2.07113
32	0.29973	0.23148	1.26075	2.19682	1.34055	2.06292
33	0.29487	0.22779	1.26588	2.18625	1.34467	2.05514
34	0.29024	0.22428	1.27079	2.17623	1.34862	2.04776
35	0.28582	0.22092	1.27551	2.16672	1.35241	2.04075
36	0.28160	0.21770	1.28004	2.15768	1.35605	2.03407
37	0.27755	0.21463	1.28441	2.14906	1.35955	2.02771
38	0.27368	0.21168	1.28861	2.14085	1.36292	2.02164
39	0.26997	0.20884	1.29266	2.13300	1.36617	2.01583
40	0.26640	0.20612	1.29657	2.12549	1.36931	2.01027

样本容量	标准差未知时推定区间上限值与下限值系数					
	0.5 分位值		0.05 分位值			
n	$k_{0.5}(0.05)$	$k_{0.5}(0.1)$	$k_{0.05,u}(0.05)$	$k_{0.05,l}(0.05)$	$k_{0.05,u}(0.1)$	$k_{0.05,l}(0.1)$
41	0.26297	0.20351	1.30035	2.11831	1.37233	2.00494
42	0.25967	0.20099	1.30399	2.11142	1.37526	1.99983
43	0.25650	0.19856	1.30752	2.10481	1.37809	1.99493
44	0.25343	0.19622	1.31094	2.09846	1.38083	1.99021
45	0.25047	0.19396	1.31425	2.09235	1.38348	1.98567
46	0.24762	0.19177	1.31746	2.08648	1.38605	1.98130
47	0.24486	0.18966	1.32058	2.08081	1.38854	1.97708
48	0.24219	0.18761	1.32360	2.07535	1.39096	1.97302
49	0.23960	0.18563	1.32653	2.07008	1.39331	1.96909
50	0.23710	0.18372	1.32939	2.06499	1.39559	1.96529
60	0.21574	0.16732	1.35412	2.02216	1.41536	1.93327
70	0.19927	0.15466	1.37364	1.98987	1.43095	1.90903
80	0.18608	0.14449	1.38959	1.96444	1.44366	1.88988
90	0.17521	0.13610	1.40294	1.94376	1.45429	1.87428
100	0.16604	0.12902	1.41433	1.92654	1.46335	1.86125
110	0.15818	0.12294	1.42421	1.91191	1.47121	1.85017
120	0.15133	0.11764	1.43289	1.89929	1.47810	1.84059
130	0.14531	0.11298	1.44060	1.88827	1.48421	1.83222
140	0.13995	0.10883	1.44750	1.87852	1.48969	1.82481
150	0.13514	0.10510	1.45372	1.86984	1.49462	1.81820
160	0.13080	0.10174	1.45938	1.86203	1.49911	1.81225
170	0.12685	0.09868	1.46456	1.85497	1.50321	1.80686
180	0.12324	0.09588	1.46931	1.84854	1.50697	1.80196
190	0.11992	0.09330	1.47370	1.84265	1.51044	1.79746
200	0.11685	0.09092	1.47777	1.83724	1.51366	1.79332
250	0.10442	0.08127	1.49443	1.81547	1.52683	1.77667
300	0.09526	0.07415	1.50687	1.79964	1.53665	1.76454
400	0.08243	0.06418	1.52453	1.77776	1.55057	1.74773
500	0.07370	0.05739	1.53671	1.76305	1.56017	1.73641

　　在一般情况下，检测结果推定区间的置信度宜为 0.90，并使错判概率和漏判概率均为 0.05。特殊情况下，推定区间的置信度可为 0.85，使漏判概率为 0.10，错判概率仍为 0.05。

　　推定区间可按下列方法计算：

　　检验批标准差未知时，总体均值的推定区间应按式（1-1）和式（1-2）计算：

$$\mu_u = m + k_{0.5} s \tag{1-1}$$

$$\mu_{\mathrm{l}} = m - k_{0.5}s \qquad\qquad (1\text{-}2)$$

式中 μ_{u}——均值推定区间的上限值；

$\quad\quad \mu_{\mathrm{l}}$——均值推定区间的下限值；

$\quad\quad m$——样本均值；

$\quad\quad s$——样本标准差；

$\quad k_{0.5}$——推定区间限值系数，取表 1-4 中的 0.5 分位值栏中与相应样本容量对应的数值。

检验批标准差未知时，计量抽样检验批具有 95％保证率特征值的推定区间上限值和下限值可按式（1-3）和式（1-4）计算。

$$x_{0.05,\mathrm{u}} = m - k_{0.05,\mathrm{u}}s \qquad\qquad (1\text{-}3)$$

$$x_{0.05,\mathrm{l}} = m - k_{0.05,\mathrm{l}}s \qquad\qquad (1\text{-}4)$$

式中 $x_{0.05,\mathrm{u}}$——特征值（0.05 分位值）推定区间的上限值；

$\quad x_{0.05,\mathrm{l}}$——特征值（0.05 分位值）推定区间的下限值；

$k_{0.05,\mathrm{u}}$、$k_{0.05,\mathrm{l}}$——推定区间上限值与下限值系数，取表 1-4 的 0.05 分位值栏中对应样本容量的数值。

对计量抽样检测结果推定区间上限值与下限值的差值宜进行控制。

第 2 章　混凝土结构强度

混凝土强度的现场检测方法根据其对被测构件的损伤情况可分为非破损法和微（半）破损法两种。非破损法是以混凝土强度与某些物理量之间的相关性为基础，测试这些物理量，然后根据相关关系推算被测混凝土的标准强度换算值，检测工作本身不对被测构件产生任何的损伤；微（半）破损法是以不影响结构或构件的承载能力为前提，在结构或构件上直接进行局部破坏性试验，或钻取芯样进行破坏性试验，并推算出强度标准值的推定值或特征强度的检测方法。根据检测工作原理的不同，其常用的检测方法又分为：回弹法、超声回弹综合法、钻芯法、后装拔出法和剪压法。所谓综合法是采用两种或两种以上的非破损检测方法，获取多种物理参量，建立混凝土强度与多项物理参量的综合相关关系，从而综合评价混凝土的强度。

2.1　回弹法

1. 检测原理

回弹法检测构件混凝土强度，是利用混凝土表面硬度与强度之间的相关关系来推定混凝土强度的一种方法。其基本原理是：用与已经获得一定能量的弹击拉簧所连接的弹击锤冲击弹击杆（传力杆），使弹击杆弹击混凝土表面，同时弹击锤向后弹回。测量弹击锤被弹回的距离，计算得出反弹距离与弹簧初始长度的比值，此值即为回弹值，将回弹值作为与强度相关的指标，同时考虑混凝土表面碳化后对硬度的影响，以此推定混凝土强度。由于回弹值的测量在混凝土表面进行，其检测结果仅反映被测构件表面的混凝土质量状况，因此，回弹法不适用于表面与内部质量有明显差异或内部存在缺陷的混凝土结构或构件的检测。

回弹法原理示意图如图 2-1 所示。

图 2-1　回弹法原理示意图

假定弹击锤的质量等于 1，当与弹击锤连接的弹击拉簧被拉到冲击前的起始状态时，弹击锤具有的弹性势能 E_0 见式（2-1）。

$$E_0 = \frac{1}{2}kl^2 \tag{2-1}$$

式中　k——弹击拉簧弹性系数；

　　　l——弹击拉簧起始拉伸长度（mm）。

混凝土受冲击后产生瞬时的弹性变形，其恢复力使弹击锤被弹回。弹击锤被弹回到 x 位置时所具有的势能 E_x 见式（2-2）。

$$E_x = \frac{1}{2}kx^2 \tag{2-2}$$

式中　x——弹击锤弹回时弹击弹簧的拉伸长度（mm）。

因此，弹击过程中，弹击锤所损耗的能量 ΔE 为式（2-3）：

$$\Delta E = E_0 - E_x \tag{2-3}$$

由式（2-1）及式（2-2）可得式（2-4）：

$$\Delta E = \frac{1}{2}kl^2 - \frac{1}{2}kx^2 = E_0\left[1 - \left(\frac{x}{l}\right)^2\right] \tag{2-4}$$

令 $R = x/l$，将 R 代入式（2-4）可得（2-5）：

$$R = \sqrt{1 - \frac{\Delta E}{E_0}} = \sqrt{\frac{E_x}{E_0}} \tag{2-5}$$

在回弹仪中，l 为定值，故 R 与 x 成正比，将 R 称为回弹值。由式（2-5）可知，回弹值 R 等于弹击锤冲击混凝土表面后剩余势能与原有势能之比的平方根。一定程度上，可以认为回弹值 R 是弹击锤冲击过程中能量损失的反映。弹击过程中，能量的损耗主要包括以下 5 个方面：

（1）受冲击后混凝土表面产生塑性变形所吸收的能量；

（2）使混凝土、弹击杆及弹击锤产生弹性变形所耗费的能量；

（3）冲击过程中弹击锤和指针克服摩擦力所耗费的能量；

（4）冲击过程中弹击锤和指针克服空气阻力耗费的能量；

（5）冲击过程中因构件的振动和弹击杆与构件表面移动而损耗的能量。

对以上因素进行分析，第（3）、（4）、（5）项一般都很小，且当回弹仪状态正常并经统一率定后可忽略第（3）、（4）项因素的影响；当混凝土构件具有足够的刚度（薄壁构件可通过固定和背后支撑提高刚度）且冲击过程中回弹仪始终紧贴混凝土表面时，第（5）项因素可忽略不计。而在一定的冲击能量作用下，弹性变形所耗费的能量接近于常数，可不考虑第（2）项因素的影响。因此弹回的距离主要取决于混凝土表面所产生的塑性变形，并直接反映到回弹值上。混凝土强度越低，塑性变形越大，塑性变形所吸收的能量也越大，导致回弹能量越小，回弹值就越低，反之亦然。由此，可通过试验建立混凝土强度-回弹值的相关关系，通过混凝土表面的回弹值来推算混凝土的抗压强度。

2. 检测依据

《回弹法检测混凝土抗压强度技术规程》JGJ/T 23—2011。

3. 仪器设备及检测环境

1）回弹仪

回弹仪即测定构件回弹值的仪器。根据其示值系统的不同主要分为数字式和指针直读式（图 2-2）。按其标称能量一般分为轻型（0.735J）、中型（2.207J）和重型（29.43J）三种；普通混凝土一般使用中型回弹仪进行检测。用于工程检测的回弹仪必须具有产品合格证及检定单位的检定合格证，并在回弹仪的明显位置上应具有下列标志：名称、型号、制造厂名（或商标）、出厂编号、出厂日期和中国计量器具制造许可证标志 CMC 及生产许可证证号等。

（a）指针直读式　　　　　　　　　　　　（b）数字式

图 2-2　指针直读式与数字式回弹仪

回弹仪的技术指标要求包括：中型回弹仪的标称能量为 2.207J；弹击锤与弹击杆碰撞的瞬间，弹击拉簧应处于自由状态，此时弹击锤起跳点应相当于指针刻度尺上"0"处；在洛氏硬度 HRC 为 60±2 的钢砧（图 2-3）上，回弹仪的率定值应为 80±2。

回弹仪具有下列情况之一时应送检定单位检定：

（1）新回弹仪启用前；

（2）超过检定有效期限；

（3）数字式回弹仪数字显示的回弹值与指针直读式回弹仪直读示值相差大于 1；

（4）经保养后，在钢砧上的率定值不合格；

（5）遭受严重撞击或其他损害。

对回弹仪进行率定时，应符合以下规定：率定试验应在室温为 5～35℃ 的条件下进行；钢砧表面应干燥、清洁，并应稳固地平放在刚度大的物体上；回弹值应取连续向下弹击三次的稳定回弹结果的平均值；率定试验应分四个方向进行，且每个方向弹击前，弹击杆应旋转 90°，每个方向的回弹平均值均应为 80±2。回弹仪率定试验所用的钢砧应每两年送授权计量检定机构检定或校准。

回弹仪具有下列情况之一时，应进行常规保养：弹击超过 2000 次；在钢砧上的率定值不合格；对检测值有怀疑时。保养后应按要求进行率定试验。

回弹仪使用完毕后，应使弹击杆伸出机壳，清除弹击杆、杆前端球面以及刻度尺表面和外壳上的污垢、尘土。回弹仪不用时，应将弹击杆压入仪器内，经弹击后方可按下按钮锁住机芯，将回弹仪装入仪器箱，平放在干燥阴凉处。当数字式回弹仪长期不用时，应取出电池。

2）碳化深度测试仪

用于测量混凝土表面碳化深度的专用设备，通常称作碳化深度测量尺（图 2-4）。比用普通的直尺测量精度高、方法简单。碳化深度测试仪一般一年进行一次检定。

图 2-3　回弹仪率定用钢砧　　　　　图 2-4　碳化深度测量尺

3）检测环境要求

用回弹法检测构件混凝土强度，其回弹仪使用时的环境温度应为 -4～40℃。

4. 基本要求

1）前期需搜集资料

采用回弹法检测结构或构件混凝土强度时，宜具有下列资料：

（1）工程名称及设计、施工、监理（或监督）和建设单位名称。

（2）结构或构件名称、外形尺寸、数量及混凝土类型、强度等级。

（3）水泥安定性、外加剂、掺合料品种、混凝土配合比等。

（4）施工时模板、混凝土浇筑、养护情况及浇筑日期等。

（5）必要的设计图纸和施工记录。

（6）检测原因。

2）抽样数量

结构或构件抽样数量应符合下列规定：

（1）单个检测：适用于单个结构或构件的检测。

（2）批量检测：适用于在相同的生产工艺条件下，混凝土强度等级相同，原材料、配合比、成形工艺、养护条件基本一致，且龄期相近的同类结构或构件。按批进行检测的构件，抽检数量不得少于同批构件总数的 30%，且构件数量不得少于 10 个。当检验批构件数量大于 30 个时，抽样构件数量可适当调整，并不得少于国家现行有关标准规定的最小抽样数量。抽检构件时，应随机抽取并使所选构件具有代表性。

3）测区的划分

每一结构或构件的测区划分应符合下列规定：

（1）对于一般构件，测区数不宜少于 10 个。当受检构件数量大于 30 个且不需提供单个构件推定强度或受检构件某一方向尺寸不大于 4.5m 且另一方向尺寸不大于 0.3m 时，每个构件的测区数量可适当减少，但不应少于 5 个。

（2）相邻两测区的间距应控制在 2m 以内，测区离构件端部或施工缝边缘的距离不宜大于 0.5m，且不宜小于 0.2m。

（3）测区宜选在能使回弹仪处于水平方向的混凝土浇筑侧面。当不能满足这一要求时，可使回弹仪处于非水平方向检测混凝土浇筑表面或底面。

（4）测区宜布置在构件的两个对称的可测面上，当不能布置在对称的可测面上时，也可布置在同一可测面上，且应均匀分布。在构件的重要部位及薄弱部位应布置测区，并应避开预埋件。

（5）测区的面积不宜大于 $0.04m^2$。

（6）测区表面应为原浆面，并应清洁、平整，不应有疏松层、浮浆、油垢、涂层以及蜂窝、麻面，必要时可用砂轮清除疏松层和杂物，且不应有残留的粉末或碎屑。

（7）对于弹击时产生颤动的薄壁、小型构件，应进行固定。

4）测区标注

结构或构件的测区应标有清晰的编号，并宜在记录纸上绘制测区布置示意图和描述外观质量情况。

5）钻芯修正

当检测条件与统一测强曲线的适用条件有较大差异时，可采用在构件上钻取混凝土芯样或同条件试件对测区混凝土强度换算值进行修正。对同一强度等级混凝土修正时，芯样数量不应少于 6 个，公称直径宜为 100mm，高径比应为 1。芯样应在测区内钻取，每个芯样应只加工一个试件。同条件试块修正时，试块数量不应少于 6 个，试块边长应为 150mm。计算时，测区混凝土强度换算值应采用加减修正量的方法进行修正。

5. 检测操作步骤

1）回弹值测量

（1）检测时，回弹仪的轴线应始终垂直于结构或构件的混凝土检测面，缓慢施压，准确读数，快速复位。

（2）每一测区应读取 16 个回弹值，每一测点的回弹值读数应精确至 1。测点宜在测区范围内均匀分布，相邻两测点的净距不宜小于 20mm；测点距外露钢筋、预埋件的距离不宜小于 30mm。测点不应设置在气孔或外露石子上，同一测点只应弹击一次。

（3）对弹击时产生颤动的薄壁、小型构件应进行固定。

2）碳化深度值测量

（1）碳化深度值测量应在有代表性的位置上测量，测点数不应少于构件测区数的 30%，取其平均值为该构件每测区的碳化深度值。当各测点间的碳化深度值相差大于 2.0mm 时，应在每一回弹测区测量碳化深度值。

（2）碳化深度值测量，可使用适当的工具如铁锤和尖头铁凿在测区表面形成直径约为 15mm 的孔洞，其深度应大于混凝土的碳化深度。应除净孔洞中的粉末和碎屑，且不得用水擦洗，再采用浓度为 1%～2% 的酚酞酒精溶液滴在孔洞内壁的边缘处，当已碳化与未碳化界线清楚时，再用深度测量工具如碳化深度测量尺测量已碳化与未碳化混凝土交界面到混凝土表面的垂直距离，并应测量 3 次，每次读数应精确至 0.25mm。3 次测量结果取平均值作为测区碳化深度代表值，精确至 0.5mm。

3）泵送混凝土的检测

检测泵送混凝土强度时，测区应布置在混凝土浇筑侧面。

6. 数据处理与结构判定

1）回弹值计算

（1）测区平均回弹值，将该测区的 16 个回弹值中剔除 3 个最大值和 3 个最小值，按式（2-6）计算余下的 10 个回弹值的平均值 R_m：

$$R_m = \frac{\sum\limits_{i=1}^{10} R_i}{10} \qquad (2\text{-}6)$$

式中　R_m——测区平均回弹值，精确至 0.1；

R_i——第 i 个测点的回弹值。

（2）非水平方向检测混凝土浇筑侧面时，应按式（2-7）修正：

$$R_m = R_{m\alpha} + R_{a\alpha} \tag{2-7}$$

式中　$R_{m\alpha}$——非水平状态检测时测区的平均回弹值，精确至 0.1；

　　　　$R_{a\alpha}$——非水平状态检测时的回弹值修正值，见表 2-1。

表 2-1　非水平状态检测时的回弹值修正值 $R_{a\alpha}$

测试角 $R_{a\alpha}$ $R_{m\alpha}$	检测角度							
	向上				向下			
	90°	60°	45°	30°	−30°	−45°	−60°	−90°
20	−6.0	−5.0	−4.0	−3.0	+2.5	+3.0	+3.5	+4.0
21	−5.9	−4.9	−4.0	−3.0	+2.5	+3.0	+3.5	+4.0
22	−5.8	−4.8	−3.9	−2.9	+2.4	+2.9	+3.4	+3.9
23	−5.7	−4.7	−3.9	−2.9	+2.4	+2.9	+3.4	+3.9
24	−5.6	−4.6	−3.8	−2.8	+2.3	+2.8	+3.3	+3.8
25	−5.5	−4.5	−3.8	−2.8	+2.3	+2.8	+3.3	+3.8
26	−5.4	−4.4	−3.7	−2.7	+2.2	+2.7	+3.2	+3.7
27	−5.3	−4.3	−3.7	−2.7	+2.2	+2.7	+3.2	+3.7
28	−5.2	−4.2	−3.6	−2.6	+2.1	+2.6	+3.1	+3.6
29	−5.1	−4.1	−3.6	−2.6	+2.1	+2.6	+3.1	+3.6
30	−5.0	−4.0	−3.5	−2.5	+2.0	+.2.5	+3.0	+3.5
31	−4.9	−4.0	−3.5	−2.5	+2.0	+2.5	+3.0	+3.5
32	−4.8	−3.9	−3.4	−2.4	+1.9	+2.4	+2.9	+3.4
33	−4.7	−3.9	−3.4	−2.4	+1.9	+2.4	+2.9	+3.4
34	−4.6	−3.8	−3.3	−2.3	+1.8	+2.3	+2.8	+3.3
35	−4.5	−3.8	−3.3	−2.3	+1.8	+2.3	+2.8	+3.3
36	−4.4	−3.7	−3.2	−2.2	+1.7	+2.2	+2.7	+3.2
37	−4.3	−3.7	−3.2	−2.2	+1.7	+2.2	+2.7	+3.2
38	−4.2	−3.6	−3.1	−2.1	+1.6	+2.1	+2.6	+3.1
39	−4.1	−3.6	−3.1	−2.1	+1.6	+2.1	+2.6	+3.1
40	−4.0	−3.5	−3.0	−2.0	+1.5	+2.0	+2.5	+3.0
41	−4.0	−3.5	−3.0	−2.0	+1.5	+2.0	+2.5	+3.0
42	−3.9	−3.4	−2.9	−1.9	+1.4	+1.9	+2.4	+2.9
43	−3.9	−3.4	−2.9	−1.9	+1.4	+1.9	+2.4	+2.9
44	−3.8	−3.3	−2.8	−1.8	+1.3	+1.8	+2.3	+2.8
45	−3.8	−3.3	−2.8	−1.8	+1.3	+1.8	+2.3	+2.8
46	−3.7	−3.2	−2.7	−1.7	+1.2	+1.7	+2.2	+2.7
47	−3.7	−3.2	−2.7	−1.7	+1.2	+1.7	+2.2	+2.7
48	−3.6	−3.1	−2.6	−1.6	+1.1	+1.6	+2.1	+2.6
49	−3.6	−3.1	−2.6	−1.6	+1.1	+1.6	+2.1	+2.6
50	−3.5	−3.0	−2.5	−1.5	+1.0	+1.5	+2.0	+2.5

注：1. $R_{m\alpha}$ 小于 20 或大于 50 时，均分别按 20 或 50 查表。

　　2. 表中未列入的相应于 $R_{m\alpha}$ 的修正值 $R_{a\alpha}$ 可用内插法求得，精确至 0.1。

非水平状态角度读取如图 2-5 所示。

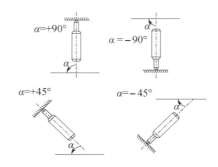

图 2-5 测试角度示意

（3）水平方向检测混凝土浇筑顶面或底面时，应按式（2-8）或式（2-9）修正：

$$R_m = R_m^t + R_a^t \tag{2-8}$$

$$R_m = R_m^b + R_a^b \tag{2-9}$$

式中 R_m^t、R_m^b——水平方向检测混凝土浇筑表面、底面时，测区的平均回弹值，精确至 0.1；

R_a^t、R_a^b——混凝土浇筑表面、底面回弹值的修正值，见表 2-2。

表 2-2 不同浇筑面的回弹值修正值

R_m^t 或 R_m^b	表面修正值（R_a^t）	底面修正值（R_a^b）	R_m^t 或 R_m^b	表面修正值（R_a^t）	底面修正值（R_a^b）
20	+2.5	−3.0	36	+0.9	−1.4
21	+2.4	−2.9	37	+0.8	−1.3
22	+2.3	−2.8	38	+0.7	−1.2
23	+2.2	−2.7	39	+0.6	−1.1
24	+2.1	−2.6	40	+0.5	−1.0
25	+2.0	−2.5	41	+0.4	−0.9
26	+1.9	−2.4	42	+0.3	−0.8
27	+1.8	−2.3	43	+0.2	−0.7
28	+1.7	−2.2	44	+0.1	−0.6
29	+1.6	−2.1	45	0	−0.5
30	+1.5	−2.0	46	0	−0.4
31	+1.4	−1.9	47	0	−0.3
32	+1.3	−1.8	48	0	−0.2
33	+1.2	−1.7	49	0	−0.1
34	+1.1	−1.6	50	0	0
35	+1.0	−1.5	—	—	—

注：1. R_m^t 或 R_m^b 小于 20 或大于 50 时，均分别按 20 或 50 查表。

2. 表中有关混凝土浇筑表面的修正系数，是指一般原浆抹面的修正值。

3. 表中有关混凝土浇筑底面的修正系数，是指构件底面与侧面采用同一类模板在正常浇筑情况下的修正值。

4. 表中未列入的相应于 R_m^t 或 R_m^b 的 R_a^t 和 R_a^b 值，可用内插法求得，精确至 0.1。

（4）检测时，当回弹仪为非水平方向且测试面为非混凝土的浇筑侧面时，应先对回弹值进行角度修正，再用修正后的值进行浇筑面修正。

2）碳化深度值的计算

取各测区碳化深度的平均值作为该构件的碳化深度值，计算精确至 0.5mm。

3）测区混凝土强度换算值的计算

（1）结构或构件第 i 个测区混凝土强度换算值，对于非泵送混凝土，可将所求得的平均回弹值（R_m）及平均碳化深度值（d_m）查《回弹法检测混凝土抗压强度技术规范》JGJ/T 23—2011 的附录 A（即表 2-3）得出。对于泵送混凝土，可将所求得的平均回弹值（R_m）及平均碳化深度值（d_m）查《回弹法检测混凝土抗压强度技术规范》JGJ/T 23—2011 的附录 B 或带入式（2-10）得出。在这里应注意，在该规范中所用的测强曲线为全国统一测强曲线，使用该曲线时被测混凝土构件应符合下列条件：

① 混凝土采用的水泥、砂石、外加剂、掺合料、拌和用水符合现行国家有关标准。

② 采用普通成形工艺。

③ 采用符合现行国家标准《混凝土结构工程施工质量验收规范》GB 50204—2015 规定的钢模、木模及其他材料制作的模板。

④ 蒸汽养护出池后经自然养护 7d 以上，且混凝土表层为干燥状态。

⑤ 自然养护且龄期为 14～1000d。

⑥ 抗压强度为 10.0～60.0MPa。

表 2-3　测区混凝土强度换算表

平均回弹值 R_m	测区混凝土强度换算表 $f^c_{cu,i}$（MPa）												
	平均碳化深度值 d_m（mm）												
	0	0.5	1.0	1.5	2.0	2.5	3.0	3.5	4.0	4.5	5.0	5.5	≥6.0
20.0	10.3	10.1	—	—	—	—	—	—	—	—	—	—	—
20.2	10.5	10.3	10.0	—	—	—	—	—	—	—	—	—	—
20.4	10.7	10.5	10.2	—	—	—	—	—	—	—	—	—	—
20.6	11.0	10.8	10.4	10.1	—	—	—	—	—	—	—	—	—
20.8	11.2	11.0	10.6	10.3	—	—	—	—	—	—	—	—	—
21.0	11.4	11.2	10.8	10.5	10.0	—	—	—	—	—	—	—	—
21.2	11.6	11.4	11.0	10.7	10.2	—	—	—	—	—	—	—	—
21.4	11.8	11.6	11.2	10.9	10.4	10.0	—	—	—	—	—	—	—
21.6	12.0	11.8	11.4	11.0	10.6	10.2	—	—	—	—	—	—	—
21.8	12.3	12.1	11.7	11.3	10.8	10.5	10.1	—	—	—	—	—	—
22.0	12.5	12.2	11.9	11.5	11.0	10.6	10.2	—	—	—	—	—	—
22.2	12.7	12.4	12.1	11.7	11.2	10.8	10.4	10.0	—	—	—	—	—
22.4	13.0	12.7	12.4	12.0	11.4	11.0	10.7	10.3	10.0	—	—	—	—

平均回弹值 R_m	测区混凝土强度换算表 $f^c_{cu,i}$（MPa）												
	平均碳化深度值 d_m（mm）												
	0	0.5	1.0	1.5	2.0	2.5	3.0	3.5	4.0	4.5	5.0	5.5	≥6.0
22.6	13.2	12.9	12.5	12.1	11.6	11.2	10.8	10.4	10.2	—	—	—	—
22.8	13.4	13.1	12.7	12.3	11.8	11.4	11.0	10.6	10.3	—	—	—	—
23.0	13.7	13.4	13.0	12.6	12.1	11.6	11.2	10.8	10.5	10.1	—	—	—
23.2	13.9	13.6	13.4	12.8	12.2	11.8	11.4	11.0	10.7	10.3	10.0	—	—
23.4	14.1	13.8	13.4	13.0	12.4	12.0	11.6	11.2	10.9	10.4	10.2	—	—
23.6	14.4	14.1	13.7	13.2	12.7	12.2	11.8	11.4	11.1	10.7	10.4	10.1	—
23.8	14.6	14.3	13.9	13.4	12.8	12.4	12.0	11.5	11.2	10.8	10.5	10.2	—
24.0	14.9	14.6	14.2	13.7	13.1	12.7	12.2	11.8	11.5	11.0	10.7	10.4	10.1
24.2	15.1	14.8	14.3	13.9	13.3	12.8	12.4	11.9	11.6	11.2	10.9	10.6	10.3
24.4	15.4	15.1	14.6	14.2	13.6	13.1	12.6	12.2	11.9	11.4	11.1	10.8	10.4
24.6	15.6	15.3	14.8	14.4	13.7	13.3	12.8	12.3	12.0	11.5	11.2	10.9	10.6
24.8	15.9	15.6	15.1	14.6	14.0	13.5	13.0	12.6	12.2	11.8	11.4	11.1	10.7
25.0	16.2	15.9	15.4	14.9	14.3	13.8	13.3	12.8	12.5	12.0	11.7	11.3	10.9
25.2	16.4	16.1	15.6	15.1	14.4	13.9	13.4	13.0	12.6	12.1	11.8	11.5	11.0
25.4	16.7	16.4	15.9	15.4	14.7	14.2	13.7	13.2	12.9	12.4	12.0	11.7	11.2
25.6	16.9	16.6	16.1	15.7	14.9	14.4	13.9	13.4	13.0	12.5	12.2	11.8	11.3
25.8	17.2	16.9	16.3	15.8	15.1	14.6	14.1	13.6	13.2	12.7	12.4	12.0	11.5
26.0	17.5	17.2	16.6	16.1	15.4	14.9	14.4	13.8	13.5	13.0	12.6	12.2	11.6
26.2	17.8	17.4	16.9	16.4	15.7	15.1	14.6	14.0	13.7	13.2	12.8	12.4	11.8
26.4	18.0	17.6	17.1	16.6	15.8	15.3	14.8	14.2	13.9	13.3	13.0	12.6	12.0
26.6	18.3	17.9	17.4	16.8	16.1	15.6	15.0	14.4	14.1	13.5	13.2	12.8	12.1
26.8	18.6	18.2	17.7	17.1	16.4	15.8	15.3	14.6	14.3	13.8	13.4	12.9	12.3
27.0	18.9	18.5	18.0	17.4	16.6	16.1	15.5	14.8	14.6	14.0	13.6	13.1	12.4
27.2	19.1	18.7	18.1	17.6	16.8	16.2	15.7	15.0	14.7	14.1	13.8	13.3	12.6
27.4	19.4	19.0	18.4	17.8	17.0	16.4	15.9	15.2	14.9	14.3	14.0	13.4	12.7
27.6	19.7	19.3	18.7	18.0	17.2	16.6	16.1	15.4	15.1	14.5	14.1	13.6	12.9
27.8	20.0	19.6	19.0	18.2	17.4	16.8	16.3	15.6	15.3	14.7	14.2	13.7	13.0
28.0	20.3	19.7	19.2	18.4	17.6	17.0	16.5	15.8	15.4	14.8	14.4	13.9	13.2
28.2	20.6	20.0	19.5	18.6	17.8	17.2	16.7	16.0	15.6	15.0	14.6	14.0	13.3
28.4	20.9	20.3	19.7	18.8	18.0	17.4	16.9	16.2	15.8	15.2	14.8	14.2	13.5
28.6	21.2	20.6	20.0	19.1	18.2	17.6	17.1	16.4	16.0	15.4	15.0	14.3	13.6

续表

平均回弹值 R_m	测区混凝土强度换算表 $f^c_{cu,i}$ （MPa）												
	平均碳化深度值 d_m （mm）												
	0	0.5	1.0	1.5	2.0	2.5	3.0	3.5	4.0	4.5	5.0	5.5	≥6.0
28.8	21.5	20.9	20.2	19.4	18.5	17.8	17.3	16.6	16.2	15.6	15.2	14.5	13.8
29.0	21.8	21.1	20.5	19.6	18.7	18.1	17.5	16.8	16.4	15.8	15.4	14.6	13.9
29.2	22.1	21.4	20.8	19.9	19.0	18.3	17.7	17.0	16.6	16.0	15.6	14.8	14.1
29.4	22.4	21.7	21.1	20.2	19.3	18.6	17.9	17.2	16.8	16.2	15.8	15.0	14.2
29.6	22.7	22.0	21.3	20.4	19.5	18.8	18.2	217.5	17.0	16.4	16.0	15.1	14.4
29.8	23.0	22.3	21.6	20.7	19.8	19.1	18.4	17.7	17.2	16.6	16.2	15.3	14.5
30.0	23.3	22.6	21.9	21.0	20.0	19.3	18.6	17.9	17.4	16.8	16.4	15.4	14.7
30.2	23.6	22.9	22.2	21.2	20.3	19.6	18.9	18.2	17.6	17.0	16.6	15.6	14.9
30.4	23.9	23.2	22.5	21.5	20.6	19.8	19.1	18.4	17.8	17.2	16.8	15.8	15.1
30.6	24.3	23.6	22.8	21.9	20.9	20.0	19.4	18.7	18.0	17.5	17.0	16.0	15.2
30.8	24.6	23.9	23.1	22.1	21.2	20.4	19.7	18.9	18.2	17.7	17.2	16.2	15.4
31.0	24.9	24.2	23.4	22.4	21.4	20.7	19.9	19.2	18.4	17.9	17.4	16.4	15.5
31.2	25.2	24.4	23.7	22.7	21.7	20.9	20.2	19.4	18.6	18.1	17.6	16.6	15.7
31.4	25.6	24.8	24.1	23.0	22.0	21.2	20.5	19.7	18.9	18.4	17.8	16.9	15.8
31.6	25.9	25.1	24.3	23.3	22.3	21.5	20.7	19.9	19.2	18.6	18.0	17.1	16.0
31.8	26.2	25.4	24.6	23.6	22.5	21.7	21.0	20.2	19.4	18.9	18.2	17.3	16.2
32.0	26.5	25.7	24.9	23.9	22.8	22.0	21.2	20.4	19.6	19.1	18.4	17.5	16.4
32.2	26.9	26.1	25.3	24.2	23.1	22.3	21.5	20.7	19.9	19.4	18.6	17.7	16.6
32.4	27.2	26.4	25.6	24.5	23.4	22.6	21.8	20.9	20.1	19.6	18.8	17.9	16.8
32.6	27.6	26.8	25.9	24.8	23.7	22.9	22.1	21.3	20.4	19.9	19.0	18.1	17.0
32.8	27.9	27.1	26.2	25.1	24.0	23.2	22.3	21.5	20.6	20.1	19.2	18.3	17.2
33.0	28.2	27.4	26.5	25.4	24.3	23.4	22.6	21.7	20.9	20.3	19.4	18.5	17.4
33.2	28.6	27.7	26.8	25.7	24.6	23.7	22.9	22.0	21.2	20.5	19.6	18.7	17.6
33.4	28.9	28.0	27.1	26.0	24.9	24.0	23.1	22.3	21.4	20.7	19.8	18.9	17.8
33.6	29.3	28.4	27.4	26.4	25.2	24.2	23.3	22.6	21.7	20.9	20.0	19.1	18.0
33.8	29.6	28.7	27.7	26.6	25.4	24.4	23.5	22.8	21.9	21.1	20.2	19.3	18.2
34.0	30.0	29.1	28.0	26.8	25.6	24.6	23.7	23.0	22.1	21.3	20.4	19.5	18.3
34.2	30.3	29.4	28.3	27.0	25.8	24.9	23.9	23.2	22.3	21.5	20.6	19.7	18.4
34.4	30.7	29.8	28.6	27.7	26.0	25.0	24.1	23.4	22.5	21.7	20.8	19.8	18.6
34.6	31.1	30.2	28.9	27.4	26.2	25.2	24.3	23.6	22.7	21.9	21.0	20.0	18.8
34.8	31.4	30.5	29.2	27.6	26.4	25.4	24.5	23.8	22.9	22.1	21.2	20.2	19.0

续表

平均回弹值 R_m	测区混凝土强度换算表 $f^c_{cu,i}$（MPa）												
	平均碳化深度值 d_m（mm）												
	0	0.5	1.0	1.5	2.0	2.5	3.0	3.5	4.0	4.5	5.0	5.5	≥6.0
35.0	31.4	30.5	29.2	27.6	26.4	25.4	24.5	23.8	22.9	22.1	21.2	20.2	19.0
35.2	32.1	31.1	29.9	28.2	27.0	26.0	25.0	24.2	23.4	22.5	21.6	20.6	19.4
35.4	32.5	31.5	30.2	28.6	27.3	26.3	25.4	24.4	23.7	22.8	21.8	20.8	19.6
35.6	32.9	31.9	30.6	29.0	27.6	26.6	25.7	24.7	24.0	23.0	22.0	21.0	19.8
35.8	33.3	32.3	31.0	29.3	28.0	27.0	26.0	25.0	24.3	23.3	22.2	21.2	20.0
36.0	33.6	32.6	31.2	29.6	28.2	27.2	26.2	25.2	24.5	23.5	22.4	21.4	20.2
36.2	34.0	33.0	31.6	29.9	28.6	27.5	26.5	25.5	24.8	23.8	22.6	21.6	20.4
36.4	34.4	33.4	32.0	30.3	28.9	27.9	26.8	25.8	25.1	24.1	22.8	21.8	20.6
36.8	35.2	34.1	32.7	31.0	29.6	28.5	27.5	26.4	25.7	24.6	23.2	22.2	22.1
37.0	35.5	34.4	33.0	31.2	29.8	28.8	27.7	26.6	25.9	24.8	23.4	22.4	21.3
37.2	35.9	34.8	33.4	31.6	30.2	29.1	28.0	26.9	26.2	25.1	23.7	22.6	21.5
37.4	36.3	35.2	33.8	31.9	30.5	29.4	28.3	27.2	26.5	25.4	24.0	22.9	21.8
37.6	36.7	35.6	34.1	32.3	30.8	29.7	28.6	27.5	26.8	25.7	24.2	23.1	22.0
37.8	37.1	36.0	34.5	32.6	31.2	30.0	28.9	27.8	27.1	26.0	24.5	23.4	22.3
38.0	37.5	36.4	34.9	33.0	31.5	30.3	29.2	28.1	27.4	26.2	24.8	23.6	22.5
38.2	37.9	36.8	35.2	33.4	31.8	30.6	29.5	28.4	27.7	26.5	25.0	23.9	22.7
38.4	38.3	37.2	35.6	33.7	32.1	30.9	29.8	28.7	28.0	26.8	25.3	24.1	23.0
38.6	38.7	37.5	36.0	34.1	32.4	31.2	30.1	29.0	28.3	27.0	25.5	24.4	23.2
38.8	39.1	37.9	36.4	34.4	32.7	31.5	30.4	29.3	28.5	27.2	25.8	24.6	23.5
39.0	39.5	38.2	36.7	34.7	33.0	31.8	30.6	29.6	28.8	27.4	26.0	24.8	23.7
39.2	39.9	38.5	37.0	35.0	33.3	32.1	30.8	29.8	29.0	27.6	26.2	25.0	24.0
39.4	40.3	38.8	37.3	35.3	33.6	32.4	31.0	30.0	29.2	27.8	26.4	25.2	24.2
39.6	40.7	39.1	37.6	35.6	33.6	32.4	31.0	30.0	29.2	27.8	26.4	25.2	24.2
39.8	41.2	39.6	38.0	35.9	34.2	33.0	31.4	30.5	29.7	28.2	26.8	25.6	24.7
40.0	41.6	39.9	38.3	36.2	34.5	33.3	31.7	30.8	30.0	28.4	27.0	25.8	25.0
40.2	41.6	39.9	38.3	36.2	34.5	33.3	31.7	30.8	30.0	28.4	27.0	25.8	25.0
40.4	42.4	40.7	39.0	36.9	35.1	33.9	32.3	31.4	30.5	28.8	27.6	26.2	25.4
40.6	42.8	41.1	39.4	37.2	35.4	34.2	32.6	31.7	30.8	29.1	27.8	26.5	25.7
40.8	43.3	41.6	39.8	37.7	35.7	34.5	32.9	32.0	31.2	29.4	28.1	26.8	26.0
41.0	43.7	42.0	40.2	38.0	36.0	34.8	33.2	32.3	31.5	29.7	28.4	27.1	26.2
41.2	44.1	42.3	40.6	38.4	36.3	35.1	33.5	32.6	31.8	30.0	28.7	27.3	26.5

平均回弹值 R_m	测区混凝土强度换算表 $f_{cu,i}^c$（MPa）												
	平均碳化深度值 d_m（mm）												
	0	0.5	1.0	1.5	2.0	2.5	3.0	3.5	4.0	4.5	5.0	5.5	≥6.0
41.4	44.5	42.7	40.9	38.7	36.6	35.4	33.8	32.9	32.0	30.3	28.9	27.6	26.7
41.6	45.0	43.2	41.4	39.2	36.9	35.7	34.2	33.3	32.4	30.6	29.2	27.9	27.0
41.8	45.4	43.6	41.8	39.5	37.2	36.0	34.5	33.6	32.7	30.9	29.5	28.1	27.2
42.0	45.9	44.1	42.2	39.9	37.6	36.3	34.9	34.0	33.0	31.2	29.8	28.5	27.5
42.2	46.3	44.4	42.6	40.3	38.0	36.6	35.2	34.3	33.3	31.5	30.1	28.7	27.8
42.4	46.7	44.8	43.0	38.0	36.6	36.9	35.5	34.6	33.6	31.8	30.4	29.0	28.0
42.6	47.2	45.3	43.4	41.1	38.7	37.3	35.9	34.9	34.0	32.1	30.7	29.3	28.3
42.8	47.6	45.7	43.8	41.4	39.0	37.6	36.2	35.2	34.3	32.4	30.9	29.5	28.6
43.0	48.1	46.2	44.2	41.8	39.4	38.0	36.6	35.6	34.6	32.7	31.3	29.8	28.9
43.2	48.5	46.6	44.6	42.2	39.8	38.3	36.9	35.9	34.9	33.0	31.5	30.1	29.1
43.4	49.0	47.0	45.1	42.6	40.2	38.7	37.2	36.3	35.3	33.3	31.8	30.4	29.4
43.6	49.4	47.4	45.4	43.0	40.5	39.0	37.5	36.6	35.6	33.6	32.1	30.6	29.6
43.8	49.9	47.9	45.9	43.4	40.9	39.4	37.9	36.9	35.9	33.9	32.4	30.9	29.9
44.0	50.4	48.4	46.4	43.8	41.3	39.8	38.3	37.3	36.3	34.3	32.8	31.2	30.2
44.2	50.8	48.8	46.7	44.2	41.7	40.1	38.6	37.6	36.6	34.5	33.0	31.5	30.5
44.4	51.3	49.2	47.2	44.6	42.1	40.5	39.0	38.0	36.9	34.9	33.3	31.8	30.8
44.6	51.7	49.6	47.6	45.0	42.4	40.8	39.3	38.3	37.2	35.2	33.6	32.1	31.0
44.8	52.2	50.1	48.0	45.4	42.8	41.2	39.7	38.6	37.6	35.5	33.9	32.4	31.3
45.0	52.7	50.6	48.5	45.8	43.2	41.6	40.1	39.0	37.9	35.8	34.3	32.7	31.6
45.2	53.2	51.1	48.9	46.3	43.6	42.0	40.4	39.4	38.3	36.2	34.6	33.0	31.9
45.4	53.6	51.5	49.4	46.6	44.0	42.3	40.7	39.7	38.6	36.4	34.8	33.2	32.2
45.6	54.1	51.9	49.8	47.1	44.4	42.7	41.1	40.0	39.0	36.8	35.2	33.5	32.5
45.8	54.6	52.4	50.2	47.5	44.8	43.1	41.5	40.4	39.3	37.1	35.5	33.9	32.8
46.0	55.0	52.8	50.6	47.9	45.2	43.5	41.9	40.8	39.7	37.5	35.8	34.2	33.1
46.2	55.5	53.3	51.1	48.3	45.5	43.8	42.2	41.1	40.0	37.7	36.1	34.4	33.3
46.4	56.0	53.8	51.5	48.7	45.9	44.2	42.6	41.4	40.3	38.1	36.4	34.7	33.6
46.6	56.5	54.2	52.0	49.2	46.3	44.6	42.9	41.8	40.7	38.4	36.7	35.0	33.9
46.8	57.0	54.7	52.4	49.6	46.7	45.0	43.3	42.2	41.0	38.8	37.0	35.3	34.2
47.0	57.5	55.2	52.9	50.0	47.2	45.2	43.7	42.6	41.4	39.1	37.4	35.6	34.5
47.2	58.0	55.7	53.4	50.5	47.6	45.8	44.4	42.9	41.8	39.4	37.7	36.0	34.8
47.4	58.5	56.2	53.8	50.9	48.0	46.2	44.5	43.3	42.1	39.8	38.0	36.3	35.1

平均回弹值 R_m	测区混凝土强度换算表 $f^c_{cu,i}$（MPa）												
	平均碳化深度值 d_m（mm）												
	0	0.5	1.0	1.5	2.0	2.5	3.0	3.5	4.0	4.5	5.0	5.5	≥6.0
47.6	59.0	56.6	54.3	51.3	48.4	46.6	44.8	43.7	42.5	40.1	38.4	36.6	35.4
47.8	59.5	57.1	54.7	51.8	48.8	47.0	45.2	44.0	42.8	40.5	38.7	36.9	35.7
48.0	60.0	57.6	55.2	52.5	49.2	47.4	45.6	44.4	43.2	40.8	39.0	37.2	36.0
48.2	—	58.0	55.7	52.6	49.6	47.8	46.0	44.8	43.6	41.1	39.3	37.5	36.3
48.4	—	58.6	56.1	53.1	50.0	48.2	46.4	45.1	43.9	41.5	39.6	37.8	36.6
48.6	—	59.0	56.6	53.5	50.4	48.6	46.7	45.5	44.3	41.8	40.0	38.1	36.9
48.8	—	59.5	57.1	54.0	50.9	49.0	47.1	45.9	44.6	42.2	40.3	38.4	37.2
49.0	—	60.0	57.5	54.4	51.3	49.4	47.5	46.2	45.0	42.5	40.6	38.8	37.5
49.2	—	—	58.0	54.8	51.7	49.8	47.9	46.6	45.4	42.8	41.0	39.1	37.8
49.4	—	—	58.5	55.3	52.1	50.2	48.3	47.1	45.8	43.2	41.3	39.4	38.2
49.6	—	—	58.9	55.7	52.5	50.6	48.7	47.4	46.2	43.6	41.7	39.7	38.5
49.8	—	—	59.4	56.2	53.0	51.0	49.1	47.8	46.5	43.9	42.0	40.1	38.8
50.0	—	—	59.9	56.7	53.4	51.4	49.4	48.2	46.9	44.3	42.3	40.4	39.1
50.2	—	—	—	57.1	53.8	51.9	49.9	48.5	46.9	44.3	42.6	40.7	39.4
50.4	—	—	—	57.6	54.3	52.3	50.3	49.0	47.7	45.0	43.0	41.0	39.7
50.6	—	—	—	58.0	54.7	52.7	50.7	49.4	48.0	45.4	43.4	41.4	40.0
50.8	—	—	—	58.5	55.1	53.1	51.1	49.8	48.4	45.7	43.7	41.7	40.3
51.0	—	—	—	59.0	55.6	53.5	51.5	50.1	48.8	46.1	44.1	42.0	40.7
51.2	—	—	—	59.4	56.0	54.0	51.9	50.5	49.2	46.4	44.4	42.3	41.0
51.4	—	—	—	59.9	56.4	54.4	52.3	50.9	49.6	46.8	44.7	42.7	41.3
51.6	—	—	—	—	56.9	54.8	52.7	51.3	50.0	47.2	45.1	43.0	41.6
51.8	—	—	—	—	57.3	55.2	53.1	51.7	50.3	47.5	45.4	43.3	41.8
52.0	—	—	—	—	57.8	55.7	53.6	52.1	50.7	47.9	45.8	43.7	42.3
52.2	—	—	—	—	58.2	56.1	54.0	52.5	51.1	48.3	46.2	44.0	42.6
52.4	—	—	—	—	58.7	56.5	54.4	53.0	51.5	48.7	46.5	44.4	43.0
52.6	—	—	—	—	59.1	57.0	54.8	53.4	51.9	49.0	46.9	44.7	43.3
52.8	—	—	—	—	59.6	57.4	55.2	53.8	52.3	49.4	47.3	45.1	43.6
53.0	—	—	—	—	60.0	57.8	55.6	54.2	52.7	49.8	47.6	45.4	43.9
53.2	—	—	—	—	—	58.3	56.1	54.6	53.1	50.2	48.0	45.8	44.3
53.4	—	—	—	—	—	58.7	56.5	55.0	53.5	50.5	48.3	46.1	44.6
53.6	—	—	—	—	—	59.2	56.9	55.4	53.9	50.9	48.7	46.4	44.9

续表

平均回弹值 R_m	测区混凝土强度换算表 $f^c_{cu,i}$（MPa）												
	平均碳化深度值 d_m（mm）												
	0	0.5	1.0	1.5	2.0	2.5	3.0	3.5	4.0	4.5	5.0	5.5	≥6.0
53.8	—	—	—	—	—	59.6	57.3	55.8	54.3	51.3	49.0	46.8	45.3
54.0	—	—	—	—	—	—	57.8	56.3	54.7	51.7	49.4	47.1	45.6
54.2	—	—	—	—	—	—	58.2	56.7	55.1	52.1	49.8	47.5	46.0
54.4	—	—	—	—	—	—	58.6	57.1	55.6	52.5	50.2	47.9	46.3
54.6	—	—	—	—	—	—	59.1	57.5	56.0	52.9	50.5	48.2	46.6
54.8	—	—	—	—	—	—	59.5	57.9	56.4	53.2	50.9	48.5	47.0
55.0	—	—	—	—	—	—	—	58.4	56.8	53.6	51.3	48.9	47.3
55.2	—	—	—	—	—	—	—	58.8	57.2	54.0	51.6	49.3	47.7
55.4	—	—	—	—	—	—	—	59.2	57.6	54.4	52.0	49.6	48.0
55.6	—	—	—	—	—	—	—	59.7	58.0	54.8	52.4	49.6	48.0
55.8	—	—	—	—	—	—	—	—	58.5	55.2	52.8	50.3	48.7
56.0	—	—	—	—	—	—	—	—	58.9	55.6	53.2	50.7	49.1
56.2	—	—	—	—	—	—	—	—	59.3	56.0	53.5	51.1	49.4
56.4	—	—	—	—	—	—	—	—	59.7	56.4	53.9	51.4	49.8
56.6	—	—	—	—	—	—	—	—	—	56.8	54.3	51.8	50.1
56.8	—	—	—	—	—	—	—	—	—	57.2	54.7	52.2	50.5
57.0	—	—	—	—	—	—	—	—	—	57.6	55.1	52.5	50.8
57.2	—	—	—	—	—	—	—	—	—	58.0	55.5	52.9	51.2
57.4	—	—	—	—	—	—	—	—	—	58.4	55.9	53.3	51.6
57.6	—	—	—	—	—	—	—	—	—	58.9	56.3	53.7	51.9
57.8	—	—	—	—	—	—	—	—	—	59.3	56.7	54.0	52.3
58.0	—	—	—	—	—	—	—	—	—	59.7	57.0	54.4	52.7
58.2	—	—	—	—	—	—	—	—	—	—	57.4	54.8	53.0
58.4	—	—	—	—	—	—	—	—	—	—	57.8	55.2	53.4
58.6	—	—	—	—	—	—	—	—	—	—	58.2	55.6	53.8
58.8	—	—	—	—	—	—	—	—	—	—	58.6	55.9	54.1
59.0	—	—	—	—	—	—	—	—	—	—	59.0	56.3	54.5
59.2	—	—	—	—	—	—	—	—	—	—	59.4	56.7	54.9
59.4	—	—	—	—	—	—	—	—	—	—	59.8	57.1	55.2
59.6	—	—	—	—	—	—	—	—	—	—	—	57.5	55.6
59.8	—	—	—	—	—	—	—	—	—	—	—	57.9	56.0
60.0	—	—	—	—	—	—	—	—	—	—	—	58.3	56.4

注：1. 本表系按全国统一曲线制定。

2. 表中未注明的测区混凝土强度换算值为小于 10 MPa 或大于 60 MPa。

（2）符合（1）规定的泵送混凝土，测区强度可查《回弹法检测混凝土抗压强度技术规范》JGJ/T 23—2011 的附录 B 或按式（2-10）计算：

$$f_{\mathrm{cu},i}^{\mathrm{c}} = 0.034488 R_{\mathrm{m}}^{1.9400} \, 10^{(-0.0173 d_{\mathrm{m}})}$$ （2-10）

式中 $f_{\mathrm{cu},i}^{\mathrm{c}}$——测区混凝土强度换算值（MPa）；

R_{m}——测区平均回弹值；

d_{m}——测区混凝土碳化深度（mm），精确到 0.5mm。

（3）当有下列情况之一时，测区混凝土强度值不得按《回弹法检测混凝土抗压强度技术规程》JGJ/T 23—2011 附录 A 或附录 B 换算，应制订并使用专用测强曲线进行计算：

① 非泵送混凝土粗骨料最大公称粒径大于 60mm，泵送混凝土粗骨料最大公称粒径大于 31.5mm。

② 特种成形工艺制作的混凝土。

③ 检测部位曲率半径小于 250mm。

④ 潮湿或浸水混凝土。

（4）当构件混凝土强度大于 60MPa 时，可采用标准能量大于 2.207J 的混凝土回弹仪，并应另行制订检测方法及专用测强曲线进行检测。

4）被测结构或构件的混凝土强度推定值

结构或构件的混凝土强度推定值是指对应于强度换算值总体分布中保证率不低于 95% 的结构或构件中的混凝土强度值。通常按照以下步骤计算：

（1）结构或构件的测区混凝土强度平均值可根据各测区的混凝土强度换算值计算。当测区数为 10 个及以上时，应计算强度标准差。

平均值及标准差应分别按式（2-11）式（2-12）进行计算：

$$m_{f_{\mathrm{cu}}^{\mathrm{c}}} = \frac{\sum\limits_{i=1}^{n} f_{\mathrm{cu},i}^{\mathrm{c}}}{n}$$ （2-11）

$$s_{f_{\mathrm{cu}}^{\mathrm{c}}} = \sqrt{\frac{\sum\limits_{i=1}^{n} (f_{\mathrm{cu},i}^{\mathrm{c}})^2 - n \, (m_{f_{\mathrm{cu}}^{\mathrm{c}}})^2}{n-1}}$$ （2-12）

式中 $m_{f_{\mathrm{cu}}^{\mathrm{c}}}$——结构或构件测区混凝土强度换算值的平均值（MPa），精确至 0.1MPa；

n——对于单个检测的构件，取该构件的测区数；对批量检测的构件，取所有被抽检构件测区数之和；

$s_{f_{\mathrm{cu}}^{\mathrm{c}}}$——结构或构件测区混凝土强度换算值的标准差（MPa），精确至 0.01MPa。

如构件采用钻芯法或同条件试块进行修正时，测区混凝土强度换算值应加上修正量。

修正量应按式（2-13）～式（2-17）计算：

$$\Delta_{\mathrm{tot}} = f_{\mathrm{cor},\mathrm{m}} - f_{\mathrm{cu},\mathrm{m0}}^{\mathrm{c}}$$ （2-13）

$$\Delta_{\mathrm{tot}} = f_{\mathrm{cu},\mathrm{m}} - f_{\mathrm{cu},\mathrm{m0}}^{\mathrm{c}}$$ （2-14）

$$f_{\mathrm{cor},\mathrm{m}} = \frac{1}{n} \sum_{i=1}^{n} f_{\mathrm{cor},i}$$ （2-15）

$$f_{cu,m} = \frac{1}{n}\sum_{i=1}^{n} f_{cu,i} \qquad (2\text{-}16)$$

$$f_{cu,m0}^{c} = \frac{1}{n}\sum_{i=1}^{n} f_{cu,i} \qquad (2\text{-}17)$$

式中　Δ_{tot}——测区混凝土强度修正量（MPa），精确到 0.01 MPa；

　　$f_{cor,m}$——芯样试件混凝土强度平均值（MPa），精确到 0.01 MPa；

　　$f_{cu,m}$——150mm 同条件立方体试块混凝土强度平均值（MPa），精确到 0.01 MPa；

　　$f_{cu,m0}^{c}$——对应于钻芯部位或同条件立方体试块回弹测区混凝土强度换算值的平均值（MPa），精确到 0.01 MPa；

　　$f_{cu,i}$——第 i 个混凝土立方体试件（边长为 150mm）的抗压强度值，精确到 0.1MPa。

　　$f_{cor,i}$——第 i 个混凝土芯样试件的抗压强度值，精确到 0.1MPa；

　　$f_{cu,i}^{c}$——对应于第 i 个试件或芯样部位回弹值和碳化深度值的混凝土强度换算值（MPa）；

　　n——芯样或同条件试块数量。

测区混凝土强度换算值的修正应按式（2-18）计算：

$$f_{cu,i1}^{c} = f_{cu,i0}^{c} + \Delta_{tot} \qquad (2\text{-}18)$$

式中　$f_{cu,i0}^{c}$——第 i 个测区修正前的混凝土强度换算值（MPa），精确到 0.01MPa；

　　$f_{cu,i1}^{c}$——第 i 个测区修正后的混凝土强度换算值（MPa），精确到 0.01MPa。

（2）结构或构件的混凝土强度推定值（$f_{cu,e}$）应按式（2-19）、式（2-20）或式（2-21）确定：

① 当该结构或构件测区数少于 10 个时：

$$f_{cu,e} = f_{cu,min}^{c} \qquad (2\text{-}19)$$

式中　$f_{cu,min}^{c}$——构件中最小的测区混凝土强度换算值（MPa）。

② 当该结构或构件的测区强度值中出现小于 10.0MPa 时：

$$f_{cu,e} < 10.0\text{MPa} \qquad (2\text{-}20)$$

③ 当该结构或构件测区数不少于 10 个或按批量检测时，应按式（2-21）计算：

$$f_{cu,e} = m_{f_{cu}^{c}} - 1.645 s_{f_{cu}^{c}} \qquad (2\text{-}21)$$

（3）对按批量检测的构件，当该批构件混凝土强度标准差出现下列情况之一时，则该批构件应全部按单个构件检测：

① 当该批构件混凝土强度平均值 $m_{f_{cu}^{c}}$ 小于 25MPa、$s_{f_{cu}^{c}}$ 大于 4.5MPa 时。

② 当该批构件混凝土强度平均值 $m_{f_{cu}^{c}}$ 不小于 25MPa 且不大于 60MPa、$s_{f_{cu}^{c}}$ 大于 5.5MPa 时。

7. 例题

　　某现浇预制箱梁，混凝土设计强度等级为 C35，采用泵送浇筑，现场检测时，在该箱梁浇筑侧面选取了 10 个测区。该箱梁浇筑时横截面为倒梯形，侧面与竖直向夹角为 30°。回弹仪读数和碳化深度检测值见表 2-4，试计算该构件的现龄期混凝土强度推定值。

表 2-4　某现浇箱梁回弹法现场检测结果

构件	测区	回弹值																碳化深度（mm）
		1	2	3	4	5	6	7	8	9	10	11	12	13	14	15	16	
箱梁	1	38	41	42	36	39	40	38	40	38	39	42	39	43	44	39	40	
	2	40	39	40	40	44	38	38	40	40	42	40	38	40	40	37	37	
	3	38	41	39	39	36	41	36	42	38	39	42	38	40	37	42	38	0.25，0.50，1.00
	4	39	42	44	41	39	40	42	43	37	38	41	36	43	40	37	40	
	5	42	43	42	40	42	45	38	43	43	43	40	43	36	43	46	39	0.50，0.75，1.00
	6	40	38	46	38	36	46	42	39	47	40	37	40	36	40	44	41	
	7	40	40	43	40	38	39	40	39	38	40	41	40	38	40	40	45	
	8	43	40	45	37	43	40	36	41	41	42	39	46	38	42	39	45	
	9	36	42	37	41	44	36	38	40	39	40	35	38	42	45	39	38	0.50，0.75，0.75
	10	37	44	40	45	39	42	38	39	45	36	34	43	39	44	40	40	

　　（1）计算测区平均回弹值，应从该测区的 16 个回弹值中剔除 3 个最大值和 3 个最小值，余下的 10 个回弹值计算平均值，见表 2-5。

表 2-5　测区回弹平均值计算

测区	回弹值																测区回弹平均值
	1	2	3	4	5	6	7	8	9	10	11	12	13	14	15	16	
1	~~38~~	41	42	~~36~~	39	40	~~38~~	40	38	39	~~42~~	39	~~43~~	~~44~~	39	40	39.7
2	40	39	~~40~~	40	~~44~~	38	38	40	40	~~42~~	40	~~38~~	40	40	~~37~~	~~37~~	39.5
3	38	~~41~~	39	39	~~36~~	41	~~36~~	~~42~~	38	39	~~42~~	38	40	~~37~~	42	38	39.1
4	39	42	~~44~~	41	39	40	42	~~43~~	~~37~~	38	41	~~36~~	~~43~~	40	~~37~~	40	40.2
5	42	43	42	40	42	~~45~~	~~38~~	43	43	43	40	~~43~~	~~36~~	43	~~46~~	~~39~~	42.1
6	40	38	~~46~~	38	~~36~~	~~46~~	42	39	~~47~~	40	~~37~~	40	~~36~~	40	44	41	40.2
7	40	40	~~43~~	40	~~38~~	39	40	39	~~38~~	40	41	40	~~38~~	40	40	~~45~~	39.8
8	43	40	~~45~~	~~37~~	43	40	~~36~~	41	41	42	39	~~46~~	~~38~~	42	39	~~45~~	41.0

续表

测区	回弹值																测区回弹平均值
	1	2	3	4	5	6	7	8	9	10	11	12	13	14	15	16	
9	~~36~~	42	~~37~~	41	~~44~~	~~36~~	38	40	39	37	~~43~~	38	42	~~45~~	39	38	39.4
10	~~37~~	44	40	~~45~~	42	38	39	~~45~~	~~36~~	~~36~~	43	39	~~44~~	38	40	40	40.3

（2）角度修正：查表 2-1，检测角度取向上 30°，按式 $R_m = R_{m\alpha} + R_{a\alpha}$ 计算，见表 2-6。

表 2-6　测区回弹平均值角度修正

项目	测区									
	1	2	3	4	5	6	7	8	9	10
测区平均值 $R_{m\alpha}$	39.7	39.5	39.1	40.2	42.1	40.2	39.8	41.0	39.4	40.3
角度修正值值 $R_{a\alpha}$	−2.0	−2.1	−2.1	−2.0	−1.9	−2.0	−2.0	−2.0	−2.1	−2.0
角度修正后 R_m	37.7	37.4	37.0	38.2	40.2	38.2	37.8	39.0	37.3	38.3

（3）浇筑面修正：测试面为浇筑侧面，无需进行修正。

（4）计算平均碳化深度，结果见表 2-7，并根据平均碳化深度查表得测区强度值，见表 2-8。

表 2-7　测区回弹平均值角度修正

测试碳化测区	碳化深度实测值（mm）			碳化深度实测代表值（mm）	平均碳化深度（mm）
3	0.25	0.50	1.00	0.5	
5	0.50	0.75	0.50	0.5	0.5
9	0.50	0.75	0.75	0.5	

（5）测区数不小于 10 个，构件混凝土强度推定值按式（2-21）计算，精确到 0.1MPa，计算结果见表 2-8。

表 2-8　构件混凝土强度推定值计算结果

测区	1	2	3	4	5	6	7	8	9	10
修正后测区平均回弹值	37.7	37.4	37.0	38.2	40.2	38.2	37.8	39.0	37.3	38.3
平均碳化深度（mm）	0.5	0.5	0.5	0.5	0.5	0.5	0.5	0.5	0.5	0.5
测区强度值（MPa）	38.6	38.1	37.3	39.6	43.8	39.6	38.8	41.3	37.9	39.9
强度计算 $n=10$（MPa）	$m_{f_{cu}^c}=39.5$				$s_{f_{cu}^c}=1.80$			$f_{cu,min}^c=37.3$		
构件混凝土强度推定值（MPa）	$f_{cu,e}=36.5$									

2.2　超声回弹综合法

1. 检测原理

　　超声回弹综合法是一种无损检测方法，检测过程中先采用回弹仪对构件进行检测，得到反映被测构件表面硬度的回弹值，之后在同一测区利用超声仪测量超声波在被测构件中的传播速度（即声速），然后根据混凝土强度与声速值及回弹值之间的相关关系，推定被测构件的混凝土强度。

　　回弹法具有设备轻便、操作简便快捷、适宜于大范围普查的优点。超声法在探查构件内部质量方面独具优势。超声回弹综合法集中了二者的优点，且与单一回弹法或超声法相比，具有以下特点：

　　（1）超声回弹综合法减少了龄期和含水率对测试结果的影响。当构件含水率较高时，测得的声速值偏高，但同时会导致混凝土软化而造成回弹值偏低；当构件龄期较长时，声速增长速率下降，但由碳化引起表层硬度增长会导致回弹值有所提高；反之亦然。因此，综合考虑推算混凝土强度时，龄期及含水率的影响在一定程度上可以互相抵消，避免了单一方法中的不利影响。

　　（2）超声回弹综合法弥补了回弹法和超声法的不足。回弹法仅反映构件表层混凝土的弹性性能，而超声法反映构件全断面的弹性性能。另外，对于较低强度等级的混凝土，回弹法测试结果的敏感性较差，而超声法对于高强度等级混凝土的辨识能力不足，二者综合使用可以内外结合，还可以在较高或较低的强度区间互相弥补不足，从而能够全面地反映结构混凝土的实际强度。

　　（3）超声回弹综合法提高了测试结果的精度。回弹法与超声法的综合使用，一定程度上可以减少一些不利因素的影响程度，提高了测试结果的准确度。

2. 检测依据

　　《超声回弹综合法检测混凝土强度技术规程（附条文说明）》CECS 02—2005。

3. 仪器设备及检测环境

1）非金属超声波检测仪

非金属超声波检测仪（简称"超声仪"）是测量超声波在被测构件中的传播时间的一种测试仪器（图2-6）。在检测工作中所使用的超声仪应通过有关部门的技术鉴定，并必须具有产品合格证。同时应符合行业标准《混凝土超声波检测仪》（JG/T 5004—1992）的要求，并在计量检定有效期内使用。仪器本身应具有显示清晰、图形稳定的示波装置；声时最小分度值为0.1μs；具有最小分度值为1dB的信号幅度调整系统；接收放大器频响范围为10～500kHz，总增益不小于80dB，接收灵敏度（信噪比3∶1时）不大于50μV；电源电压波动范围在标称值±10％情况下能正常工作；连续正常工作时间不小于4h。

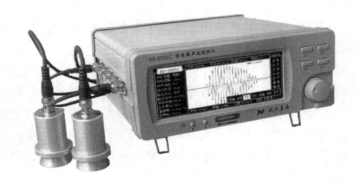

图2-6　非金属超声波检测仪

如仪器在较长时间内停用，每月应通电一次，每次不少于1h；仪器需存放在通风、阴凉、干燥处，无论存放或工作，均需防尘；在搬运过程中须防止碰撞和剧烈振动。

超声仪应定期进行保养和检定。

2）换能器

换能器是利用压电陶瓷装置，实现电能与声波相互转换的一种器具，用该装置在被测构件上发射和接收超声波信号。一般用于混凝土强度检测的换能器根据其形状不同可分为平面换能器和柱状换能器，对于平面换能器的工作频率宜在50～100kHz范围以内，柱状换能器的工作频率较低。换能器的实测频率与标称频率相差应不大于±10％。

换能器应避免摔损和撞击，工作完毕应擦拭干净单独存放。换能器的耦合面应避免磨损。

3）回弹仪

本方法采用中型回弹仪，有关回弹仪的使用要求、检定和保养与《回弹法检测混凝土强度技术规范》JGJ/T 23—2011中对回弹仪的规定一致，参见第2章第2.1节"3. 仪器设备与环境"相关内容。

4）其他仪器设备

钢卷尺等。

5）检测环境

超声波检测仪使用时，环境温度应为 0～40℃，回弹仪使用时的环境温度应为 -4～40℃。因此，采用本方法进行检测时的环境温度要求为 0～40℃。

4. 基本要求

（1）测试前应具备下列有关资料：

①工程名称及设计、施工、建设、委托单位名称。

②结构或构件名称、施工图纸及要求的混凝土强度等级。

③水泥品种、强度等级、出厂厂名、用量、砂石品种、粒径、外加剂或掺合料品种、掺量以及混凝土配合比等。

④模板类型，混凝土浇筑和养护情况以及成形日期。

⑤结构或构件检测原因的说明。

（2）测区布置数量应符合下列规定：

①当按单个构件检测时，应在构件上均匀布置测区。每个构件的测区数不应少于10 个。

②对同批构件按批抽样检测时，构件抽样数应不少于同批构件的 30%，且不少于 10个；对一般施工质量的检测和结构性能的检测，可按照现行国家标准《建筑结构检测技术标准》GB/T 50344—2004 的规定抽样。

③对某一方向尺寸不大于 4.5m，且另一方向尺寸不大于 0.3m 的构件，其测区数量可适当减少，但不少于 5 个。

（3）当按批抽样检测时，符合下列条件的构件才可作为同批构件：

①混凝土设计强度等级相同。

②原材料、配合比、成形工艺、养护条件及龄期基本相同。

③构件种类相同。

④在施工阶段所处状态基本相同。

（4）构件的测区布置，宜满足下列规定：

①在条件允许时，测区宜优先布置在构件混凝土浇筑方向的侧面。

②测区可在构件的两个对应面、相邻面或同一面上布置。

③测区宜均匀布置，相邻两测区的间距不宜大于 2m。

④测区应避开钢筋密集区和预埋件。

⑤测区尺寸宜为 200mm×200mm，采用平测时宜为 400mm×400mm。

⑥测试面应清洁、平整、干燥，不应有接缝、施工缝、饰面层、泥浆和油污，并应避开蜂窝、麻面部位。必要时，可用砂轮片清除杂物和磨平不平整处，并擦净残留粉尘。

（5）结构或构件上的测区应注明编号，并记录测区位置和外观质量情况。

（6）结构或构件的每一测区，宜先进行回弹测试，后进行超声测试。

（7）非同一测区内的回弹值及超声声速值，在计算混凝土强度换算值时不得混用。

5. 检测方法与试验操作步骤

1）回弹值的测量与计算

（1）用回弹仪测试时，应始终保持回弹仪的轴线垂直于混凝土测试面，并优先选择混凝土浇筑方向的侧面进行水平方向测试。如不能满足这一要求，也可非水平状态测试，或测试混凝土浇筑方向的顶面或底面。

（2）测量回弹值应在构件测区内超声波的发射和接收面各弹击8个点。超声波单面平测时，可在超声波的发射和接收测点之间弹击16个点，每一测点的回弹值测读精确至1。

（3）各测点在测区范围内宜均匀分布，不得布置在气孔或外露石子上。相邻两测点的间距一般不小于30mm；测点距构件边缘或外露钢筋、预埋铁件的距离不小于50mm，且同一测点只允许弹击1次。

（4）计算测区平均回弹值时，应从该测区两个相对测试面的16个回弹值中，剔除3个较大值和3个较小值，然后将余下的10个有效回弹值按式（2-6）计算。

（5）非水平状态测得的回弹值，按公式（2-7）修正，角度回弹修正值查表2-1进行取值。

（6）由混凝土浇筑方向的顶面或底面测得的回弹值，应按式（2-8）或式（2-9）进行修正，浇筑回弹修正值查表2-2进行取值。

（7）在测试时，如仪器处于非水平状态，同时构件测区又非混凝土的浇筑侧面，则应对测得的回弹值先进行角度修正，然后进行顶面或底面修正。

2）超声声速值的测量与计算

（1）超声测点应布置在回弹测试的同一测区内，每一测区布置3个测点。超声测试宜优先采用对测或角测，当被测构件不具备对测或角测条件时，可采用单面平测。

（2）超声测试时，应保证换能器与混凝土测试面耦合良好。

（3）声时测量应精确至0.1μs，超声测距测量应精确1.0mm，测量误差不应超过±1%。声速计算应精确至0.01km/s。

（4）当在混凝土浇筑方向的侧面对测时，测区混凝土中声速代表值应根据该测区中3个测点的混凝土中声速值，按式（2-22）和式（2-23）计算：

$$v_i = \frac{l_i}{t_i - t_0} \tag{2-22}$$

$$v = \frac{1}{3}\sum_{i=1}^{3} v_i \tag{2-23}$$

式中　　v——测区混凝土中声速代表值（km/s）；

　　　　v_i——第 i 点的声速代表值（km/s）；

　　　　l_i——第 i 个测点的超声测距（mm）；

　　　　t_i——第 i 个测点的声时读数（μs）；

　　　　t_o——声时初读数（μs）。

（5）当在混凝土浇筑的顶面与底面测试时，测区声速值应按式（2-24）修正：

$$v_a = \beta v \tag{2-24}$$

式中　　v_a——修正后的测区声速值（km/s）；

　　　　β——超声测试面修正系数。在混凝土浇筑顶面和底面对测或斜测时，$\beta = 1.034$；混凝土浇筑顶面平测时，$\beta = 1.05$；混凝土浇筑底面平测时，$\beta = 0.95$。

超声测试面修正原因：当只能沿构件浇筑的表面或底面对测时，测得的声速偏低，试验表明，沿此方向测得的声速需要乘以修正系数 1.034。当只能在构件浇筑的表面或底面平测时，由于混凝土浇筑表面浮浆多，相对于侧面来说砂浆含量多，石子含量少，因此测得的声速偏低。由于混凝土浇筑、振捣过程中石子下沉而导致底面层石子含量增多，因此测得的声速偏高，对比试验表明，与在侧面平测的声速相比较，浇筑表面平测的声速约偏低 5%（β 取 1.05），浇筑底面平测的声速约偏高 5%（β 取 0.95）。

6. 数据处理与结果判定

（1）构件第 i 个测区的混凝土强度换算值 $f_{\mathrm{cu},i}^{\mathrm{c}}$，应根据修正后的测区回弹值 R_{ai} 及修正后的测区声速值 v_{ai}，优先采用专用或地区测强曲线推定。当无该类测强曲线时，经验证后也可按《超声回弹综合法检测混凝土强度技术规程（附条文说明）》CECS 02—2005 附录 C 的规定确定或按式（2-25）、式（2-26）计算：

①粗骨料为卵石时，

$$f_{\mathrm{cu},i}^{\mathrm{c}} = 0.0056 v_{\mathrm{ai}}^{1.439} R_{\mathrm{mi}}^{1.769} \tag{2-25}$$

②粗骨料为碎石时，

$$f_{\mathrm{cu},i}^{\mathrm{c}} = 0.0162 v_{\mathrm{ai}}^{1.656} R_{\mathrm{mi}}^{1.410} \tag{2-26}$$

式中　　$f_{\mathrm{cu},i}^{\mathrm{c}}$——第 i 个测区混凝土强度换算值（MPa），精确至 0.1MPa；

　　　　v_{ai}——第 i 个测区修正后的超声声速值（km/s），精确至 0.01km/s；

　　　　R_{mi}——第 i 个测区修正后的回弹值，精确 0.1。

（2）当结构或构件所用材料及其龄期与制订的测强曲线所用材料有较大差异时，应用同条件立方体试件或从结构构件测区钻取的混凝土芯样的抗压强度进行修正，试件数量应不少于 4 个。此时，得到的测区混凝土强度换算值应乘以修正系数。修正系数可按式（2-27）或式（2-28）计算：

①有同条件立方体试块时，

$$\eta = \frac{1}{n}\sum_{i=1}^{n} f_{cu,i} / f_{cu,i}^{c} \qquad (2\text{-}27)$$

②有混凝土芯样试件时，

$$\eta = \frac{1}{n}\sum_{i=1}^{n} f_{cor,i} / f_{cu,i}^{c} \qquad (2\text{-}28)$$

式中　η——修正系数，精确至小数点后两位；

$f_{cu,i}$——第 i 个混凝土立方体试块抗压强度实测值（以边长为 150mm 计，MPa），精确至 0.1MPa；

$f_{cu,i}^{c}$——对应于第 i 个立方体试块或芯样试件的混凝土强度换算值（MPa），精确至 0.1MPa；

$f_{cor,i}$——第 i 个混凝土芯样试件抗压强度实测值（以 $\phi100 \times 100$mm 计，MPa），精确至 0.1MPa；

n——试件数。

（3）结构或构件的混凝土强度推定值 $f_{cu,e}$ 应按下列条件确定：

①当结构构件的测区抗压强度换算值中出现小于 10.0MPa 数值时，该构件的混凝土强度推定值 $f_{cu,e}$ 取小于 10MPa。

②当结构或构件中测区小于 10 个时，$f_{cu,e} = f_{cu,min}^{c}$。

③当按批抽样检测时，该批构件的混凝土强度推定值应按式（2-21）计算：各测区混凝土强度换算值的平均值 $m_{f_{cu}^{c}}$ 及标准差 $s_{f_{cu}^{c}}$ 应分别按式（2-11）和式（2-12）计算。

4）当属同批构件按批抽样检测时，若全部测区强度的标准差出现下列情况之一时，则该批构件应全部按单个构件检测：

①当混凝土强度平均值 $m_{f_{cu}^{c}} < 25.0$MPa，标准差 $s_{f_{cu}^{c}} > 4.50$MPa。

②当混凝土强度平均值 $m_{f_{cu}^{c}} = 25.0 \sim 50.0$MPa，标准差 $s_{f_{cu}^{c}} > 5.50$MPa。

③当混凝土强度平均值 $m_{f_{cu}^{c}} > 50.0$MPa，标准差 $s_{f_{cu}^{c}} > 6.50$MPa。

7. 例题

某厂房现浇混凝土梁，截面尺寸为 400mm×550mm（宽×高），该混凝土梁混凝土强度等级为 C30，混凝土所用的粗骨料为碎石。测区布置在浇筑侧面，超声测试采用对测。各测区回弹仪读数和测距及声时值见表 2-9，试计算该构件的现龄期混凝土强度推定值。

表 2-9 各测区回弹仪读数和测距及声时值

构件	测区	测点回弹值 R_i								测点测距 l_i（mm）/声时 t_i（μs）		
		1	2	3	4	5	6	7	8	1	2	3
梁	1	39	40	40	42	41	38	36	43	400	400	400
		40	37	41	43	39	41	38	45	92.34	90.58	93.46
	2	43	36	39	42	38	44	38	42	400	400	400
		41	36	42	39	40	39	41	39	91.52	89.15	90.25
	3	38	37	40	40	38	40	40	39	400	400	400
		44	38	46	47	47	49	46	48	94.81	90.32	99.75
	4	39	40	42	40	41	40	47	27	400	400	400
		41	43	42	40	42	43	42	41	96.05	98.5	95.62
	5	38	42	40	44	43	41	42	42	400	400	400
		38	39	40	42	43	43	40	42	94.01	95.43	91.18
	6	44	40	42	42	38	36	39	43	400	400	400
		44	43	40	36	42	37	40	37	93.07	97.26	91.55
	7	45	45	37	40	43	39	40	39	400	400	400
		45	40	44	41	38	39	38	40	93.51	92.31	89.54
	8	40	40	38	40	44	39	37	38	400	400	400
		42	43	37	44	42	36	43	42	93.85	90.89	97.28
	9	42	41	40	43	36	42	41	45	400	400	400
		38	40	42	40	39	41	42	41	98.64	92.28	98.89
	10	39	38	45	42	36	36	42	42	400	400	400
		43	37	37	40	41	40	40	40	92.67	94.76	93.29

（1）计算测区回弹代表值，从该测区的 16 个回弹值中剔除 3 个较大值和 3 个较小值，余下的 10 个回弹值计算平均值，回弹检测过程中水平向弹击浇筑侧面，故无需进行角度修正及浇筑面修正。因此，回弹值计算平均值即是各测区回弹代表值 R_{mi}，见表 2-10。

表 2-10 测区回弹代表值计算

测区	回弹值																测区回弹平均值
	1	2	3	4	5	6	7	8	9	10	11	12	13	14	15	16	
1	39	40	40	42	41	38	~~36~~	~~43~~	40	~~37~~	41	~~43~~	39	41	~~38~~	~~45~~	40.1
2	~~43~~	~~36~~	39	~~42~~	~~38~~	~~44~~	38	42	41	~~36~~	42	39	40	39	41	39	40.0
3	~~38~~	~~37~~	40	40	~~38~~	40	40	39	44	38	46	~~47~~	47	~~49~~	46	~~48~~	42.0
4	~~39~~	~~40~~	42	40	41	40	~~47~~	~~27~~	41	~~43~~	42	40	42	~~43~~	42	41	41.1
5	~~38~~	42	40	~~44~~	43	41	42	42	~~38~~	~~39~~	40	42	~~43~~	~~43~~	40	42	41.4

续表

测区	回弹值																测区回弹平均值
	1	2	3	4	5	6	7	8	9	10	11	12	13	14	15	16	
6	44	40	42	42	38	36	39	43	44	43	40	36	42	37	40	37	40.3
7	45	45	37	40	43	39	40	39	45	40	44	41	38	39	38	40	40.5
8	40	40	38	40	44	39	37	38	42	43	37	44	42	36	43	42	40.4
9	42	41	43	36	42	41	45	38	40	42	40	41	42	41	41	41	41.0
10	39	38	45	42	36	36	42	42	43	37	37	40	41	40	40	40	39.9

（2）根据式（2-22）和式（2-23），计算出测区声速代表值，见表2-11。

表 2-11　测区声速代表值计算

测区	测点声速计算值 v_i（km/s）			测区声速代表值 v_{ai}（km/s）	测区	测点声速计算值 v_i（km/s）			测区声速代表值 v_{ai}（km/s）
	1	2	3			1	2	3	
1	4.33	4.42	4.28	4.34	6	4.30	4.11	4.37	4.26
2	4.37	4.49	4.43	4.43	7	4.28	4.33	4.47	4.36
3	4.22	4.43	4.01	4.22	8	4.26	4.40	4.11	4.26
4	4.16	4.06	4.18	4.14	9	4.06	4.33	4.04	4.14
5	4.25	4.19	4.39	4.28	10	4.32	4.22	4.29	4.28

（3）按式（2-26）计算出测区的强度换算值，见表2-12。

（4）测区数不小于10个，按式（2-21）计算，得到构件混凝土强度推定值，计算结果见表2-12。

表 2-12　计算结果表

测区	1	2	3	4	5	6	7	8	9	10
回弹代表值 R_{mi}	40.1	40.0	42.0	41.1	41.4	40.3	40.5	40.4	41.0	39.9
声速代表值 v_{ai}（km/s）	4.34	4.43	4.22	4.14	4.28	4.26	4.36	4.26	4.14	4.28
混凝土测区强度换算值（MPa）	33.6	34.6	34.2	32.1	34.3	32.8	34.3	32.8	32.1	32.5
强度计算 $n=10$（MPa）	$m_{f_{cu}^c}=33.3$				$s_{f_{cu}^c}=0.92$			$f_{cu,min}^c=32.1$		
构件混凝土强度推定值（MPa）					$f_{cu,e}=31.8$					

2.3　钻芯法

1. 检测原理

　　钻芯法检测混凝土强度是指从结构或构件上钻取混凝土芯样，进行锯切、研磨等加工，使之成为符合规定的芯样试件，通过对芯样试件进行抗压强度试验，以此确定被测结构或构件的混凝土强度的一种方法。工程界普遍认为它是一种最为直观、可靠和准确的检测方法。但该检测方法会对结构混凝土造成局部损伤，是一种微（半）破损的现场检测手段。

2. 检测依据

　　《钻芯法检测混凝土强度技术规程（附条文说明）》CECS 03—2007。
　　《钻芯法检测混凝土强度技术规程》JGJ/T 384—2016。

3. 仪器设备及环境

　　1）钻芯机
　　钻芯机是现场在结构或构件上钻取混凝土芯样的主要设备（图 2-7）。钻芯机应具有足够的刚度、操作灵活、固定和移动方便，并应有水冷却系统。钻取芯样时，宜采用人造金刚石薄壁钻头，钻头胎体不得有肉眼可见的裂缝、缺边、少角、倾斜及喇叭口变形。
　　2）芯样加工设备
　　芯样加工设备包括芯样的锯切、磨平及补平装置等。在实际应用中，有些设备同时具有锯切和磨平两种功能。锯切芯样时使用的锯切机（图 2-8）和磨平芯样的磨平机（图 2-9），应具有冷却系统和芯样夹紧装置，配套使用的人造金刚石圆锯片应有足够的刚度，锯切芯样宜使用双刀锯切机。芯样宜采用补平装置（图 2-10）或磨平机进行芯样端面加工，补平装置或磨平机除应保证芯样的端面平整外，尚应保证芯样端面与芯样轴线垂直。

图 2-7　钻芯机

图 2-8　芯样锯切机

图 2-9　芯样磨平机

图 2-10　芯样补平装置

3）探测钢筋位置的定位仪

探测钢筋位置的定位仪器通常使用钢筋探测仪。该仪器并不直接参与检测活动，而是利用该设备准确测出构件中钢筋的位置，以防在芯样钻取过程中遇到钢筋，从而对构件的承载能力产生影响。在现场使用的探测钢筋位置的定位仪，应便于现场操作，最大探测深度不应小于 60mm，探测位置偏差不宜大于 ±5mm。

4）游标卡尺及钢卷尺

游标卡尺及钢卷尺（或钢板尺）主要用于对芯样尺寸的测量。钢卷尺（钢板尺）分度值不大于 1mm。

5）万能角度尺

万能角度尺也称作游标量角器，主要用于对芯样垂直度的测量，其精度不大于 $0.1°$。

6）塞尺

塞尺主要用于对芯样断面平整度的测量，其精度宜为 0.01mm。

7）压力试验机

压力试验机用于对符合要求的混凝土芯样试件进行抗压强度试验，其精度为 1%。

4. 芯样取样及加工要求

1）芯样的钻取

（1）采用钻芯法检测混凝土强度前，宜具备以下资料：

① 工程名称（或代号）及设计、施工、监理、建设单位名称。

② 结构或构件种类、外形尺寸及数量。

③ 设计混凝土强度等级。

④ 浇筑日期、配合比通知单和抗压强度试验报告。

⑤ 结构或构件质量状况和施工中存在问题的记录。

⑥ 有关的结构设计施工图等。

（2）芯样宜在结构或构件的下列部位钻取：

① 结构或构件受力较小的部位。

② 混凝土强度具有代表性的部位。

③ 便于钻芯机安放与操作的部位。

④ 宜采用钢筋探测仪测试或局部剔凿的方法避开主筋、预埋件和管线的位置。

在构件上钻取多个芯样时，芯样宜取自不同部位；用钻芯法和非破损法综合测定强度时，钻芯位置应与非破损法相应的测区重合；用钻芯法和破损方法综合测定强度时，钻芯位置应布置在相应测区附近。

（3）芯样的规格尺寸。

抗压试验的芯样试件宜使用标准芯样试件，其公称直径不宜小于骨料最大粒径的 3 倍，也可采用小直径芯样试件，但其公称直径不应小于 70mm 且不得小于骨料最大粒径的 2 倍。

（4）钻取芯样的数量。

钻芯法可用于确定检测批或单个构件的混凝土强度推定值，也可以用于钻芯修正间接强度检测方法得到的混凝土强度换算值。

当用钻芯法确定检测批的混凝土强度推定值时，芯样试件的数量应根据检测批的容量确定，标准芯样试件的最小样本量不宜少于 15 个，小直径芯样试件的最小样本量不宜少于 20 个。当用钻芯法确定单个构件的混凝土强度推定值时，有效芯样试件的数量不应少于 3 个；对于较小的构件，有效芯样构件的数量不得少于 2 个；当用于钻芯修正时，标准芯样试件的数量不应少于 6 个，小直径芯样试件数量不应少于 9 个。

（5）混凝土芯样的钻取。

钻芯机就位并安放平稳后，应将钻芯机固定，固定的方法应根据钻芯机的构造和施工现场的具体情况确定；钻芯机在未安装钻头前，应先通电检查主轴旋转方向（三相电动机）为顺时针方向；钻芯时用于冷却钻头和排除混凝土碎屑的冷却水的流量宜为 3～5

L/min；钻取芯样时应控制进钻的速度，保持匀速钻进；钻芯操作应遵守国家有关安全生产和劳动保护的规定，并应遵守钻芯现场安全生产的有关规定。

对于钻取的芯样应进行标记，钻取部位应予以记录。芯样高度及质量不能满足要求时应重新钻取芯样。芯样应采取保护措施，避免在运输和储存中损坏。

钻芯后留下的孔洞应及时修补。

2）芯样加工要求

（1）芯样的尺寸要求。

抗压芯样试件的高度与直径之比（H/d）宜为 1.00。芯样试件内不宜含有钢筋。不能满足此项要求时，抗压试件应符合下列要求：标准芯样试件，每个试件内最多只允许有 1 根直径小于 10mm 的钢筋，芯样内的钢筋应与芯样试件的轴线基本垂直并离开端面 10mm 以上。

（2）芯样的处理要求。

锯切后的芯样应进行端面处理，可采取在磨平机上磨平端面的处理方法，也可采取用环氧胶泥或聚合物水泥砂浆补平的方法。抗压强度低于 30MPa 的芯样试件，不宜采用磨平端面的处理方法；抗压强度高于 60MPa 的芯样试件，不宜采用补平端面的方法。采用补平端面的方法时，抗压强度低于 40MPa 的芯样试件可采用水泥砂浆、水泥净浆或聚合物水泥砂浆补平，补平层厚度不宜大于 5mm；也可采用硫黄胶泥补平，补平层厚度不宜大于 1.5mm。

5. 芯样的抗压试验

1）芯样的尺寸测量

在试验前应按下列规定测量芯样试件的尺寸：平均直径用游标卡尺在芯样试件上部、中部和下部相互垂直的两个位置上测量 6 次，取测量的算术平均值作为芯样试件的直径，精确至 0.5mm；芯样试件高度用钢卷尺或钢板尺进行测量，精确至 1mm；垂直度用游标量角器测量芯样试件两个端面与母线的夹角，取最大值作为芯样试件的垂直度，精确至 0.1°；平整度用钢卷尺或角尺紧靠在芯样试件端面上，一面转动钢板尺，一面用塞尺测量钢板尺与芯样试件端面之间的缝隙；也可采用其他专用设备量测。

如果芯样试件尺寸偏差及外观质量超过下列数值时，其抗压强度相应的测试数据无效：

① 芯样试件的实际高径比（H/d）小于要求高径比的 0.95 或大于 1.05。

② 沿芯样试件高度的任一直径与平均直径相差大于 1.5mm。

③ 抗压芯样试件端面的不平整度在 100mm 长度内大于 0.1mm。

④ 芯样试件端面与轴线的不垂直度大于 1°。

⑤ 芯样有裂缝或有其他较大缺陷。

2）芯样的养护方式

一般情况下，芯样试件应在自然干燥状态下进行抗压试验。当结构工作条件比较潮湿，需要确定潮湿状态下混凝土的强度时，芯样试件宜在（20±5）℃的清水中浸泡 40～48h，从水中取出后去除表面水渍，立即进行试验。

3）芯样的抗压试验及强度计算

芯样试件抗压试验的操作应符合《普通混凝土力学性能试验方法标准》GB/T 50081—2002 中对立方体试块抗压试验的规定。

混凝土的抗压强度值，应根据混凝土原材料和施工工艺通过试验确定，也可按式（2-29)确定：

$$f_{\mathrm{cu,cor}} = F_{\mathrm{c}}/A \tag{2-29}$$

式中　$f_{\mathrm{cu,cor}}$——芯样试件的混凝土强度值（MPa）；

F_{c}——芯样试件的抗压试验测得的最大压力（N）；

A——芯样试件抗压截面面积（mm^2）。

6. 混凝土强度推定值的确定

（1）检测批混凝土强度的推定值应按下列方法确定：

检测批的混凝土强度推定值应计算推定区间，推定区间的上限值和下限值按式（2-30)、式（2-31)、式（2-32)、式（2-33)计算：

上限值
$$f_{\mathrm{cu,e1}} = f_{\mathrm{cu,cor,m}} - k_1 s_{f_{\mathrm{cu,cor}}} \tag{2-30}$$

下限值
$$f_{\mathrm{cu,e2}} = f_{\mathrm{cu,cor,m}} - k_2 s_{f_{\mathrm{cu,cor}}} \tag{2-31}$$

平均值
$$f_{\mathrm{cu,cor,m}} = \frac{\sum\limits_{i=1}^{n} f_{\mathrm{cu,cor,}i}}{n} \tag{2-32}$$

标准差
$$s_{f_{\mathrm{cu,cor}}} = \sqrt{\frac{\sum\limits_{i=1}^{n} (f_{\mathrm{cu,cor,}i} - f_{\mathrm{cu,cor,m}})^2}{n-1}} \tag{2-33}$$

式中　$f_{\mathrm{cu,cor,m}}$——芯样试件的混凝土强度平均值（MPa），精确至 0.1MPa；

$f_{\mathrm{cu,cor,}i}$——单个芯样试件的混凝土强度值（MPa），精确至 0.1MPa；

$f_{\mathrm{cu,e1}}$——混凝土强度推定上限值（MPa），精确至 0.1MPa；

$f_{\mathrm{cu,e2}}$——混凝土强度推定下限值（MPa），精确至 0.1MPa；

k_1，k_2——推定区间上限值系数和下限值系数，按表 2-13 查得；

$s_{f_{\mathrm{cu,cor}}}$——芯样试件抗压强度样本的标准差（MPa），精确至 0.1MPa。

（2）对于 $f_{\mathrm{cu,e1}}$ 和 $f_{\mathrm{cu,e2}}$ 所构成推定区间的置信度宜为 0.90；当采用小直径芯样试件时，推定区间的置信度可为 0.85。$f_{\mathrm{cu,e1}}$ 与 $f_{\mathrm{cu,e2}}$ 之间的差值不宜大于 5.0MPa 和 0.10 $f_{\mathrm{cu,cor,m}}$ 两者的较大值。

（3）$f_{\mathrm{cu,e1}}$ 与 $f_{\mathrm{cu,e2}}$ 之间的差值大于 5.0MPa 和 0.10 $f_{\mathrm{cu,cor,m}}$ 两者的较大值时，可适当

增加样本容量，或重新划分检测批，直至满足上诉（2）款要求。当不具备本款条件时，不宜进行批推定。

（4）宜以 $f_{cu,e1}$ 作为检测批混凝土强度的推定值。

表 2-13　上下限值系数

试件数 n	k_1 （0.10）	k_2 （0.05）	试件数 n	k_1 （0.10）	k_2 （0.05）
15	1.222	2.566	37	2.360	2.149
16	1.234	2.524	38	1.363	2.141
17	1.244	2.486	39	1.366	2.133
18	1.254	2.453	40	1.369	2.125
19	1.263	2.423	41	1.372	2.118
20	1.271	2.396	42	1.375	2.111
21	1.279	1.371	43	1.378	2.105
22	1.286	2.349	44	1.381	2.098
23	1.293	2.328	45	1.383	2.092
24	1.300	2.309	46	1.386	2.086
25	1.306	2.292	47	1.389	2.081
26	1.311	2.275	48	1.391	2.075
27	1.317	2.260	49	1.393	2.070
28	1.322	2.246	50	1.396	2.065
29	1.327	2.232	60	1.415	2.022
30	1.332	2.220	70	1.431	1.990
31	1.336	2.208	80	1.444	1.964
32	1.341	2.197	90	1.454	1.944
33	1.345	2.186	100	1.463	1.927
34	1.349	2.176	110	1.471	1.912
35	1.352	2.167	120	1.478	1.899
36	1.356	2.158	—	—	—

注：钻芯确定检测批混凝土强度推定值时，可剔除芯样试件抗压强度样本中的异常值。剔除规则应按现行国家标准《数据的统计处理和解释　正态样本离群值的判断和处理》GB/T 4883—2008 的规定执行。当确有试验依据时，可对芯样试件抗压强度样本的标准差 $s_{f_{cu,cor}}$ 进行符合实际情况的修正或调整。

（5）钻芯法确定单个构件混凝土抗压强度推定值时，芯样试件的数量不应少于 3 个；钻芯对构件工作性能影响较大的小尺寸构件，芯样试件的数量不得少于 2 个。

（6）单个构件的混凝土强度推定值不再进行数据的舍弃，而应按有效芯样试件混凝土强度值中的最小值确定。

（7）钻芯修正。

钻芯修正后的换算强度可按式（2-34）、式（2-35）计算：

$$f^c_{cu,i0} = f^c_{cu,i} + \Delta f \qquad (2\text{-}34)$$

$$\Delta f = f_{cu,cor,m} - f^c_{cu,mj} \qquad (2\text{-}35)$$

式中 $f_{cu,i0}^c$——修正后的换算强度（MPa），精确至 0.1 MPa；

$f_{cu,i}^c$——修正前的换算强度数（MPa），精确至 0.1 MPa；

Δf——修正量（MPa），精确至 0.1 MPa；

$f_{cu,mj}^c$——所用间接检测方法（如回弹、超声-回弹综合法）对应测区的换算强度的算术平均值（MPa），精确至 0.1 MPa。

由钻芯修正方法确定检测批的混凝土强度推定值时，应采用修正后的样本算术平均值和标准差对其构件的混凝土强度进行推定。

2.4 后装拔出法

1. 基本原理

拔出法是指将安装在混凝土中的锚固件拔出，测出极限拔出力，利用事先建立的极限拔出力和混凝土强度间的相关关系推定被测混凝土结构或构件的混凝土强度的方法。比较成熟的拔出法分为预埋或先装拔出法和后装拔出法两种，预埋拔出法是指预先将锚固件埋入混凝土中的拔出法，它适用于成批的连续生产的混凝土结构构件，按施工程序要求，预先埋好锚固件，在一定的条件下，进行拔出试验，确定被测构件的混凝土强度。后装拔出法指混凝土硬化后在现场混凝土结构上通过钻孔、扩孔、后装锚固件、拔出试验等步骤，检测现场混凝土构件的混凝土强度的一种方法。在我国多采用后装拔出法。

2. 依据标准

《拔出法检测混凝土强度技术规程》CECS 69—2011 。

3. 仪器设备及检测环境

拔出试验装置由钻孔机、磨槽机、锚固件及拔出仪等组成，如图 2-11 所示。各部分功能及使用要求如下：

图 2-11　拔出法试验装置

1）钻孔机

钻孔机是在混凝土表面钻取孔洞的工具。钻孔机可采用金刚石薄壁空心钻或冲击电锤，金刚石薄壁空心钻应带有冷却水装置。钻孔机宜带有控制垂直度及深度的装置。

2）磨槽机

磨槽机有时又称为扩孔设备，由电钻、金刚石磨头、定位圆盘及水冷却装置组成。用该设备可在已钻好孔内一定的深度范围内进行扩充，并在孔内形成一个圆环。

3）锚固件

锚固件由胀簧和胀杆组成。检测时将其镶嵌在孔内，通过胀簧将其锚固台阶胀开，使之与孔内混凝土咬合锚固。

4）拔出试验装置

拔出试验装置可采用圆环式或三点式。对于圆环式拔出试验装置的反力支承内径 d_3 一般为 55mm，锚固件的锚固深度 h 为 25mm，钻孔直径 d_1 为 18mm，如图 2-12 所示；三点式拔出试验装置的反力支承内径 d_3 一般为 120mm，锚固件的锚固深度 h 为 35mm，钻孔直径 d_1 为 22mm，如图 2-13 所示。当混凝土粗骨料最大粒径不大于 40mm 时，宜优先采用圆环式拔出法检测装置。当粗骨料最大粒径大于 40mm 小于 60mm 时，宜采用三点式拔出法检测装置。

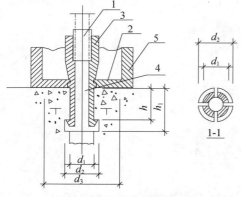

图 2-12　圆环式拔出试验装置

1—拉杆；2—对中圆盘；3—胀簧；
4—胀杆；5—反力支承

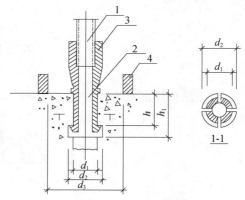

图 2-13　三点式拔出试验装置

1—拉杆；2—胀簧；3—胀杆；
4—反力支承

5）拔出仪

拔出仪主要由加荷装置、测力装置及反力支承三部分组成。对于常用的拔出仪应具备以下技术性能：

（1）测试最大拔出力宜为额定拔出力的 20%～80%。

（2）圆环式拔出仪的拉杆及胀簧材料的极限抗拉强度不应小于 2100MPa。

（3）工作行程对于圆环式拔出试验装置不应小于 4mm，对于三点式拔出试验装置不应小于 6mm。

（4）允许示值误差为 $2\%F \cdot S$。

（5）测力装置宜具有峰值保持功能。

拔出仪应每年至少校准一次。当遇到下列情况之一时，应重新校准：

（1）更换液压油后。

（2）更换测力装置后。

（3）经维修后。

（4）拔出仪出现异常时。

6）检测环境条件

对于该检测方法的环境条件的要求，主要取决于拔出仪显示仪表的要求，对于电子类仪表一般正常使用环境温度为 4～40℃。

4. 基本要求

（1）检测部位混凝土表层与内部质量应一致。当混凝土表层与内部质量有明显差异时应将薄弱表层清除干净后方可进行检测。

（2）检测前应全面了解工程有关情况，并宜具备下列有关资料：

①工程名称及设计、施工、建设单位名称。

②结构或构件名称、设计图纸及图纸要求的混凝土强度等级。

③粗骨料品种、最大粒径及混凝土配合比。

④混凝土浇筑和养护情况以及混凝土的龄期。

⑤结构或构件存在的质量问题等。

（3）关于检测批的划分规定。

结构或构件的混凝土强度可按单个构件检测或同批构件按批抽样检测。对于符合下列条件的构件可作为同批构件：

①混凝土强度等级相同。

②混凝土原材料、配合比、施工工艺、养护条件及龄期基本相同。

③结构或构件种类相同。

④构件所处环境相同。

（4）测点的布置要求：

①按单个构件检测时，应在构件上均匀布置 3 个测点，当 3 个拔出力中的最大拔出力和最小拔出力与中间值之差均小于中间值的 15％时，仅布置 3 个测点即可；当最大拔出力或最小拔出力与中间值之差大于中间值的 15％（包括两者均大于中间值的 15％）时，应在最小拔出力测点附近再加测 2 个测点。

②当同批构件按批抽样检测时，抽检数量应符合现行国家标准《建筑结构检测技术标准》GB/T 50344—2014 中表 1-1 的有关规定，每个构件宜布置 1 个测点，且最小样本容量不宜少于 15 个。

③测点宜布置在构件混凝土成形的侧面，如不能满足这一要求时，可布置在混凝土浇筑面。

④在构件的受力较大及薄弱部位应布置测点，相邻两测点的间距不应小于 250mm；当采用圆环式拔出仪时，测点距构件边缘不应小于 100mm；当采用三点式拔出仪时，测点距构件边缘不应小于 150mm；测试部位的混凝土厚度不宜小于 80mm；当采用预埋拔出法时，预埋件与钢筋边缘间的净距离不应小于钢筋直径。

⑤测点应避开接缝、蜂窝、麻面部位和混凝土表层的钢筋预埋件。

⑥被测构件应处于干燥状态；测试面应平整、清洁，对饰面层、浮浆、薄弱层等应予清除，必要时进行磨平处理。

5. 检测方法与试验操作步骤

后装拔出法检测按照以下试验步骤操作：

1）钻孔

在钻孔过程中，钻头应始终与混凝土表面保持垂直，垂直度偏差不应大于 3°，成孔尺寸应满足下列要求：

（1）钻孔直径 d_1 允许偏差为 +1.0mm。

（2）钻孔深度 h_1 应比锚固深度 h 深 20～30mm。

（3）锚固深度 h 对于圆环式拔出法（包括预埋及后装）为 25mm，对于三点式后装拔出法为 35mm，允许偏差为 ±0.5mm。

（4）环形槽深度 c 不应小于胀簧锚固台阶宽度 b。

2）磨槽

在混凝土孔壁磨环形槽时，磨槽机的定位圆盘应始终紧靠混凝土表面回转，磨出的环形槽形状应规整。

3）拔出试验

混凝土构件的拔出试验应按下列步骤进行：

（1）安装锚固件：将胀簧插入成形孔内，通过胀杆使胀簧前端的锚固台阶完全嵌入环形槽内，并保证锚固可靠。

（2）安装拔出仪：将拔出仪与锚固件用拉杆连接对中，并与混凝土测试表面垂直。

（3）施加拔出力：用千斤顶对锚固件施加拔出力，拔出锚固件。在施加拔出力时应连续均匀，其速度控制在 0.5~1.0kN/s。

（4）读取拔出力：施加拔出力至混凝土开裂破坏、测力显示器读数不再增加为止，记录极限拔出力值，精确至 0.1kN。

（5）当拔出试验出现下列情况之一时，应做详细记录，并将该值舍去，在其附近补测一个测点。

① 锚固件在混凝土孔内滑移或断裂。

② 被测构件在拔出试验时出现断裂。

③ 反力支承内的混凝土仅有小部分破损或被拔出，而大部分无损伤。

④ 在拔出混凝土的破坏面上，有大于规定（圆环式 40mm，三点 60mm）的粗骨料粒管。有蜂窝、空洞、疏松等缺陷；有泥土、砖块、煤块、钢筋、铁件等异物。

⑤ 当采用圆环式拔出法检测装置时，试验后在混凝土测试面上见不到完整的环形压痕；在支承环外出现混凝土裂缝。

4）修补混凝土破损部位

拔出试验后，应对拔出试验造成的混凝土破损部位进行修补。

6. 混凝土强度换算及推定

1）测点混凝土强度换算

混凝土强度换算值可按式（2-36）～式（2-37）计算：

（1）后装拔出法（圆环式），

$$f_{cu}^c = 1.55F + 2.35 \tag{2-36}$$

（2）后装拔出法（三点式），

$$f_{cu}^c = 2.76F - 11.54 \tag{2-37}$$

式中　f_{cu}^c——第 i 个测点混凝土强度换算值（MPa），精确至 0.1MPa；

　　　F——拔出力（kN），精确至 0.1kN。

2）单个构件的混凝土强度推定

对于单个构件的拔出力计算值应按下列规定取值：

（1）当构件 3 个拔出力中的最大和最小拔出力与中间值之差的绝对值均小于中间值的 15% 时，取最小值作为该构件拔出力代表值。

（2）当进行加测后，加测的 2 个拔出力值和最小拔出力值一起取平均值，再与前一次的拔出力中间值进行比较，取小值作为该构件拔出力计算值。

（3）将单个构件的拔出力代表值根据不同的检测方法对应代入式（2-36）或式（2-37）中计算强度换算值 $f_{\mathrm{cu}}^{\mathrm{c}}$ 作为单个构件混凝土强度推定值 $f_{\mathrm{cu},e}$。

3）同批抽检构件的混凝土强度推定

将同批构件抽样检测的每个拔出力作为拔出力代表值，根据不同的检测方法对应代入式（2-36）或式（2-37）中计算强度换算值 $f_{\mathrm{cu}}^{\mathrm{c}}$。混凝土强度的推定值 $f_{\mathrm{cu},e}$ 按式（2-38）～式（2-40）计算。

$$f_{\mathrm{cu},e}=m_{f_{\mathrm{cu}}^{\mathrm{c}}}-1.645s_{f_{\mathrm{cu}}^{\mathrm{c}}} \tag{2-38}$$

$$m_{f_{\mathrm{cu}}^{\mathrm{c}}}=\frac{1}{n}\sum_{i=1}^{n}f_{\mathrm{cu},i}^{\mathrm{c}} \tag{2-39}$$

$$s_{f_{\mathrm{cu}}^{\mathrm{c}}}=\sqrt{\frac{\sum_{i=1}^{n}(f_{\mathrm{cu},i}^{\mathrm{c}}-m_{f_{\mathrm{cu}}^{\mathrm{c}}})^2}{n-1}} \tag{2-40}$$

式中　$m_{f_{\mathrm{cu}}^{\mathrm{c}}}$——同批抽检构件混凝土强度换算值的平均值（MPa），精确至 0.1MPa；

$s_{f_{\mathrm{cu}}^{\mathrm{c}}}$——同批抽检构件混凝土强度换算值的标准差（MPa），精确至 0.01MPa；

n——检验批中所抽检构件的测点总数；

$f_{\mathrm{cu},i}^{\mathrm{c}}$——第 i 个测点混凝土强度换算值（MPa）。

4）同批构件检测时，测点强度出现差异

对于按批抽样检测的构件，当全部测点的强度标准差或变异系数出现下列情况时，该批构件应全部按单个构件检测：

（1）当混凝土强度换算值的平均值 $m_{f_{\mathrm{cu}}^{\mathrm{c}}}$ 小于或等于 25MPa 时，其标准差 $s_{f_{\mathrm{cu}}^{\mathrm{c}}}$ 大于 4.5MPa。

（2）当混凝土强度换算值的平均值 $m_{f_{\mathrm{cu}}^{\mathrm{c}}}$ 大于 25MPa 且不大于 50MPa 时，其标准差 $s_{f_{\mathrm{cu}}^{\mathrm{c}}}$ 大于 5.5MPa。

（3）当混凝土强度换算值的平均值 $m_{f_{\mathrm{cu}}^{\mathrm{c}}}$ 大于 50MPa 时，其变异系数 δ 大于 0.10。

其中，变异系数 δ 可按式（2-41）计算：

$$\delta=\frac{s_{f_{\mathrm{cu}}^{\mathrm{c}}}}{m_{f_{\mathrm{cu}}^{\mathrm{c}}}} \tag{2-41}$$

2.5　剪压法

1. 检测原理

剪压法是用剪压仪对混凝土构件直角边施加垂直于承压面的压力，使构件直角边产生局部剪压破坏，并根据剪压力来推定混凝土强度的检测方法，属于微（半）破损法。剪压法适用于检测截面具有直角边、可施加剪压力的结构的混凝土强度，不适用于检测表层与内部质量有明显差异或内部存在缺陷结构的混凝土强度。

2. 检测依据

《剪压法检测混凝土强度技术规程》CECS 278—2010。

3. 仪器设备及环境

1）剪压仪的构成和使用要求

剪压仪应由基架、螺杆、油缸、手摇泵、数字压力表等组成，如图 2-14 所示。符合测试要求的剪压仪应符合下列规定：

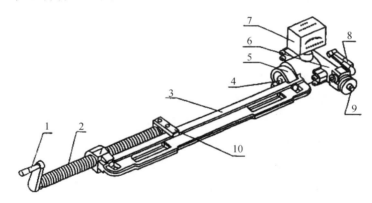

图 2-14　剪压仪示意图

1—螺杆摇柄；2—螺杆；3—基架；4—压头；5—加压油缸；6—手摇泵；7—数字压力表；
8—手摇泵手柄；9—加压螺杆；10—承压板

（1）剪压仪压头的直径应为（20±0.2）mm。

（2）剪压仪应设有限位装置。剪压仪就位后，压头圆柱面与构件承压面垂直的相邻面应相切。

（3）压头工作行程不应小于 15mm。

（4）最大剪压力不应小于 70kN。

（5）在最大剪压力下，基架侧向变形不应大于基架长度的 1/500。

（6）数字压力表最小分度应为 0.1kN，数字压力表每递增 5kN 后的读数与标准压力传感器或测力计的相对误差宜在±2%以内。

（7）数字压力表应具有峰值保持、延时断电功能和数据储存功能。

（8）承压板尺寸不宜小于 40mm×45mm，且其任意转动的角度不宜小于 2°。

（9）剪压仪上宜设防止仪器坠落的安全装置。

2）检测环境条件

剪压仪使用时的环境温度应为 −10～40℃。

4. 基本要求

1）被检测结构或构件的混凝土应符合的规定

（1）混凝土用水泥应符合现行国家标准《通用硅酸盐水泥》GB 175—2007 的规定。

（2）混凝土用砂、石骨料应符合现行行业标准《普通混凝土用砂、石质量及检验方法标准》JGJ 52—2006 的规定。

（3）混凝土应采用普通成形工艺。

（4）钢模、木模及其他材料制作的模板应符合现行国家标准《混凝土结构工程施工质量验收规范》GB 50204—2015 的规定。

（5）龄期不应少于 14d。

（6）抗压强度应在 10～60MPa 范围内。

（7）结构或构件厚度不应小于 80mm。

2）在结构或构件混凝土强度检测前，宜了解的情况

（1）工程名称及建设、设计、施工、监理（或监督）单位名称。

（2）结构或构件名称、外观尺寸、数量及混凝土设计强度等级。

（3）水泥品种、强度等级；砂、石种类与粒径；混凝土配合比等。

（4）混凝土生产与输送方式，模板、浇筑、养护情况及成形日期等。

（5）必要的设计图纸和施工记录。

（6）检测原因。

3）检测数量

结构或构件混凝土强度可按单个构件检测或按检验批抽样检测。按检验批抽样检测时，构件抽样数不应少于同批构件数的 10%，当同一检验批中构件混凝土外观质量较差或构件混凝土强度差异较大时，构件抽样数不应少于同批构件数的 15%。

4）检验批的划分

当结构或构件需按检验批进行检测时，同时符合下列条件的同一单位（单体）工程的构件方可作为同一检验批：

（1）混凝土强度等级相同。

（2）混凝土原材料、配合比、成形工艺、养护条件及龄期基本相同。

（3）构件种类相同。

（4）所处环境相同。

5）测位的布置要求

采用剪压法检测混凝土强度时，测位数量与布置应符合以下规定：

（1）在所检测构件上应均匀布置 3 个测位，当 3 个剪压力中的最大值和最小值与中间值之差的绝对值超过中间值的 15％时，应再加测 2 个测位。

（2）测位宜沿构件纵向均匀布置，相邻两测位宜布置在构件不同侧面上。测位离构件端头不应小于 0.2m，两相邻测位间的距离不应小于 0.3m。

（3）测位处的混凝土应平整，无裂缝、疏松、孔洞、蜂窝等外观缺陷。测位不得布置在混凝土成形的顶面。

（4）测位处相邻面的夹角应在 88°～92°之间，当不满足这一要求时，可用砂轮略作打磨处理。

（5）测位应避开预埋件和钢筋。

（6）结构或构件的测位宜标有清晰的编号。

5. 检测方法与试验操作步骤

（1）检查设备。

检测前，应对剪压仪的工作状态进行检查。在确认其工作状态良好并采取有效保护措施后，方可进行检测。

（2）检测操作。检测时按照以下步骤进行：

① 将剪压仪在测位安装到位，圆形压头轴线与构件承压面应垂直，压头圆柱面与垂直于构件承压面的相邻面应相切。

② 开启数字压力表，按清零键并使数字压力表处于峰值保持状态。

③ 摇动手摇泵手柄，连续均匀施加剪压力直至剪压部位混凝土破坏，记录破坏状态和破坏时的剪压力，精确至 0.1kN。施加剪压力时，加力速度宜控制在 1.0kN/s 以内。

（3）当剪压破坏面出现外露的钢筋、外露的预埋件、夹杂物、空洞或存在其他异常情况时，检测无效，并应在距测位 0.3～0.5m 处补测。

（4）检测后，应对剪压检测造成的混凝土破坏部位进行修补。

`

6. 混凝土强度的计算及推定

（1）结构或构件第 i 个测位混凝土强度换算值应按式（2-42）计算：

$$f_{cu,i}^c = 1.4 N_i$$

（2-42）

式中　$f_{cu,i}^{c}$——测位混凝土强度换算值（MPa），精确至 0.1MPa；

　　　N_i——测位的剪压力（kN），精确至 0.1kN。

（2）当结构或构件所采用的材料与本节前述内容中第 4 条基本要求中的 1）所规定的材料有较大差异或对剪压法检测结果有怀疑时，应从结构或构件中钻取混凝土芯样，根据芯样强度对混凝土强度换算值进行修正。芯样数量不应少于 4 个，在每个钻取芯样部位的附近进行 3 个测位的剪压检测，取 3 个剪压力的平均值代入式（2-42）中，计算每个芯样附近的混凝土强度换算值。修正系数应按式（2-43）计算：

$$\eta = \frac{1}{n}\sum_{i=1}^{n}f_{cor,i}/f_{cu,i}^{c} \qquad (2\text{-}43)$$

式中　η——修正系数，精确至 0.01；

　　　$f_{cu,i}^{c}$——第 i 个芯样附近的混凝土强度换算值（MPa），精确至 0.1 MPa；

　　　$f_{cor,i}$——第 i 个混凝土芯样试件的抗压强度值（MPa），精确至 0.1 MPa；

　　　n——芯样数（个）。

各测位混凝土强度换算值乘以修正系数 η 得到对应测位修正后的抗压强度。

（3）按单个构件检测时，将构件中各测位混凝土强度换算值的平均值作为构件混凝土强度代表值。将构件混凝土强度代表值除以 1.15 后的值作为构件混凝土强度推定值。

（4）按检验批评定构件混凝土强度，当检验批中所抽检构件数少于 10 个时，检验批的混凝土强度推定值应按式（2-44）和式（2-45）计算：

$$f_{cu,e1} = m_{f_{cu}^{c}}/1.15 \qquad (2\text{-}44)$$

$$f_{cu,e2} = f_{m,min}^{c}/0.95 \qquad (2\text{-}45)$$

式中　$f_{cu,e1}$、$f_{cu,e2}$——检验批的混凝土强度推定值（MPa）；

　　　$m_{f_{cu}^{c}}$——检验批中所抽检构件混凝土强度代表值的平均值（MPa），精确至 0.1 MPa；

　　　$f_{m,min}^{c}$——检验批中构件混凝土强度代表值中的最小值（MPa），精确至 0.1 MPa。

取 $f_{cu,e1}$ 和 $f_{cu,e2}$ 中的较小值作为该检验批的混凝土强度推定值。

（5）按检验批评定构件混凝土强度，当检验批中所抽检构件数不少于 10 个时，检验批中所检构件混凝土强度代表值的平均值和标准差按式（2-46）和式（2-47）计算：

$$m_{f_{cu}^{c}} = \frac{1}{n}\sum_{i=1}^{n}f_{m,i}^{c} \qquad (2\text{-}46)$$

$$s_{f_{cu}^{c}} = \sqrt{\frac{\sum_{i=1}^{n}(f_{m,i}^{c}-m_{f_{cu}^{c}})^{2}}{n-1}} \qquad (2\text{-}47)$$

式中　n——检验批中所抽检的构件数（个）；

　　　$f_{m,i}^{c}$——第 i 个构件混凝土强度代表值（MPa），精确至 0.1 MPa；

　　　$s_{f_{cu}^{c}}$——检验批中所抽检构件混凝土强度代表值的标准差（MPa），精确至 0.1 MPa。

检验批的混凝土强度推定值按式（2-48）和式（2-49）计算：

$$f_{cu,e1} = m_{f_{cu}^c} - \lambda_1 s_{f_{cu}^c} \tag{2-48}$$

$$f_{cu,e2} = f_{m,min}^c / \lambda_2 \tag{2-49}$$

式中　λ_1、λ_2——判定系数，按表 2-14 取值。

表 2-14　混凝土强度判定系数

抽检构件数	10～14	15～19	≥20
λ_1	1.15	1.05	0.95
λ_2	0.9	0.85	

取 $f_{cu,e1}$、$f_{cu,e2}$ 中的较小值作为该检验批的混凝土强度推定值。

（6）确定检验批混凝土强度推定值时，可剔除构件混凝土强度代表值中的离群值。剔除规则应按现行国家标准《数据的统计处理和解释　正态样本离群值的判断和处理》GB/T 4883—2008 的规定执行。剔除离群值后，检验批中构件数应满足本节第 4 条基本要求中 3）的要求，并重新计算检验批中混凝土强度代表值的平均值、标准差和最小值。

（7）对按检验批检测的构件，当混凝土强度代表值的标准差出现下列情况之一时，该批构件应全部按单个构件进行检测：

① 当该批构件混凝土强度代表值的平均值 $m_{f_{cu}^c} < 25.0$ MPa 时，标准差 $s_{f_{cu}^c} > 4.50$ MPa。

② 当该批构件混凝土强度代表值的平均值 $m_{f_{cu}^c} \geqslant 25.0$ MPa 时，标准差 $s_{f_{cu}^c} > 5.50$ MPa。

2.6　回弹-取芯法

1. 检测原理

回弹-取芯法综合了回弹法的操作简便、快捷和钻芯法结果直接、可靠的优点。检测过程中，先采用回弹法对实体混凝土强度进行普查，然后在回弹法显示强度较低部位取芯，利用钻芯法评定其强度。

2. 检测依据

《混凝土结构工程施工质量验收规范》GB 50204—2015。

3. 仪器设备及环境

回弹-取芯法所用仪器包括回弹仪、钻芯机、芯样切磨加工设备、游标卡尺、钢直尺、万能角度尺、塞尺、压力试验机等。设备要求同回弹法及钻芯法相应的规定。

使用回弹-取芯法进行结构实体混凝土强度检验时，环境温度应在－4～40℃之间，当选用数字式回弹仪时，环境温度不宜低于0℃。

4. 基本要求

（1）采用回弹-取芯法进行结构实体混凝土强度检验时，先确定回弹检测试件，并根据回弹结果选择取芯构件。

（2）回弹构件的抽取应符合下列规定：

① 同一混凝土强度等级的柱、梁、墙、板，抽取构件最小数量应符合表2-15规定，并应均匀分布。

② 不宜抽取截面高度小于300mm的梁和边长小于300mm的柱。

表2-15 回弹构件抽取最小数量

构件总数量	最小抽样数量	构件总数量	最小抽样数量
20以下	全数	281～500	40
20～150	20	501～1200	64
151～280	26	1201～3200	100

（3）每个构件应选取不少于5个测区进行回弹检测及回弹值计算，并应符合现行行业标准《回弹法检测混凝土抗压强度技术规程》（JGJ/T 23—2011）对单个构件检测的有关规定。楼板构件的回弹宜在板底进行。布置测区时，应综合考虑后续取芯对结构安全及取芯操作的影响，避开不宜或无法钻取芯样的部位。

（4）对同一强度等级的混凝土，应将每个构件5个测区中的最小测区平均回弹值进行排序，并在其最小的3个测区各钻取1个芯样。芯样应采用带水冷却装置的薄壁空心钻钻取，其直径宜为100mm，且不宜小于混凝土骨料最大粒径的3倍。测区部位钢筋较密时，可采用直径为 70mm 的芯样。

（5）芯样试件的端部应采用环氧胶泥或聚合物水泥砂浆补平，也可采用硫黄胶泥修补，补平层的厚度不宜大于 1.5mm，应尽量薄。加工后芯样试件的尺寸偏差与外观质量应符合下列规定：

① 芯样试件的高度与直径之比实测值不应小于 0.95，也不应大于 1.05。

② 沿芯样高度任一直径与平均直径之差不应大于 2mm。

③ 芯样试件端面的不平整度在 100mm 长度内不应大于 0.1mm。

④ 芯样端面与轴线的不垂直度不应大于 1°。

⑤ 芯样不应有裂缝、缺陷及钢筋等杂物。

（6）芯样试件尺寸的量测应符合下列规定：

① 采用游标卡尺在芯样试件中部互相垂直的两个位置测量直径，取其算术平均值作为芯样试件的直径，精确至 0.1mm。

② 采用钢卷尺或钢板尺测量芯样试件的高度，精确至 1mm。

③ 垂直度采用游标量角器测量芯样试件两个端面与轴线的夹角，精确至 0.1°。

④ 平整度采用钢板尺或角尺紧靠在芯样端面上，一面转动钢板尺，一面用塞尺测量与芯样端面之间的缝隙，也可采用其他专用设备量测。

5. 结果评定

芯样试件应按现行国家标准《普通混凝土力学性能试验方法标准》GB/T 50081—2002 中圆柱体试件的规定进行抗压强度试验。对同一强度等级的混凝土，当符合下列规定时，结构实体混凝土强度可判为合格：

（1）三个芯样的抗压强度算术平均值不小于设计要求的混凝土强度等级值的 88%。

（2）三个芯样抗压强度的最小值不小于设计要求的混凝土强度等级值的 80%。

2.7　拉脱法

1. 检测原理

拉脱法是在已硬化的混凝土结构构件上钻制直径为 44mm、深度为 44mm 芯样试件，用具有自动夹紧试件的装置进行拉脱试验，根据芯样试件的拉脱强度值推定混凝土抗压强度的方法。

2. 检测依据

《拉脱法检测混凝土抗压强度技术规程》JGJ/T 384—2016。

3. 仪器设备及环境

1) 设备组成及要求

拉脱法检测装置由钻芯机、金刚石钻磨头、拉脱仪组成。设备各组成要求如下：

（1）钻芯机应具有足够的刚度、操作灵活、固定和移动方便，并应有水冷却系统。

（2）钻芯机应配置漏电保护装置、深度标尺、底盘设置锚固孔和试件定位框。

（3）钻芯机的齿轮箱应采用耐高温润滑脂。

（4）金刚石钻磨头内径应为 43.6～44.0mm，且宜设有钻取深度为 44mm 的磨平支撑面的定位装置。

（5）拉脱仪由传感器和具有实时显示、超载显示及峰值保持功能的荷载表组成（图 2-15），且应具有对试件自动调节径向夹紧力的功能，荷载表的分辨率或最小示值宜为 1N，满量程测试误差不得大于 1.0%。

图 2-15　一体式拉脱仪

2) 检测环境条件

拉脱仪使用时的环境温度宜为 -10～45℃。

3) 拉脱仪的校准与保养

拉脱仪应定期进行校准，校准周期不超过一年。当拉脱仪有下列情况之一时，应进行校准：

（1）新拉脱仪启用前。

（2）超过检定有效期限。

（3）拉脱仪出现工作异常。

（4）拉脱仪累计使用 3000 次。

（5）遭受严重撞击或其他损害。

拉脱仪使用完毕应关闭电源、清洁干净后装箱并应存放在阴凉干燥处。

4. 基本要求

1）采用拉脱法检测结构混凝土强度前，应了解以下情况：

① 工程名称或代号及建设、设计、施工、监理（或监督）单位名称。

② 结构构件种类、外观尺寸及数量。

③ 设计混凝土强度等级及水泥品种和粗骨料粒径。

④ 检测龄期及检测原因。

⑤ 结构构件质量状况和施工中存在问题的记录。

⑥ 必要的设计图纸和施工记录。

（2）结构构件的测点布置应符合下列规定：

① 拉脱测点宜选结构构件：混凝土浇筑方向的侧面，相邻拉脱测点的间距不应小于 300mm，距构件边缘不应小于 100mm，检测时应保持拉脱仪的轴线垂直于混凝土检测面。

② 检测面应清洁、干燥、密实，不应有接缝、施工缝并应避开蜂窝、麻面部位。

③ 拉脱测点应布置在便于钻芯机安放与操作的部位。

（3）拉脱试件应在结构构件的下列部位钻制：

① 结构构件受力较小的部位。

② 混凝土强度具有代表性的部位。

③ 钻制时应避开钢筋、预埋件和管线。

（4）混凝土强度可按单个构件或按检测批进行抽检，并应符合下列规定：

① 按单个构件检测时，应在构件上布置测点，每个构件上测点布置数量应为 3 个。

② 对铁路和公路桥梁、桥墩等大型结构构件，应布置不少于 10 个测点。

③ 按检测批抽检时，构件抽样数应为 10～15 个，每个构件应布置不少于 3 个测点。

④ 按检测批抽样检测时，同批结构构件应符合下列条件：

a. 设计混凝土强度等级应相同。

b. 混凝土原材料、配合比、施工工艺、养护条件和龄期应相同。

c. 结构构件种类应相同，施工阶段所处位置应相同。

d. 同一检测批结构构件可包括同混凝土强度等级的梁、板、柱、剪力墙。

5. 检测方法与试验操作步骤

拉脱法检测过程中按照以下步骤操作：

1）钻芯

钻制试件时，钻芯机应安放平稳，固定牢固。钻制时用于冷却钻头和排除混凝土碎屑的冷却水的流量宜为 3～5L/min。钻制时应匀速进钻并均匀施力，钻深可通过钻头安装座的调节螺栓调整磨盘的上下位置或钻机深度标尺控制。钻制完毕后应切断电源，及时冲洗拉脱试件表面泥浆，并将钻芯机擦拭干净。

钻制拉脱试件操作，应遵守相关安全生产和劳动保护的规定。

2）检测

检测过程中，拉脱试件应处于自然风干状态，试验前拉脱仪应先清零，调整三爪夹头套住拉脱试件。试验过程中应连续均匀加荷，加荷速度宜控制为 130～260N/s，在试件断裂时应立即读取最大拉脱力值。拉脱出的试件，应用游标卡尺测量试件断裂处相互垂直位置的直径尺寸。在试验中拉脱仪显示屏幕出现超载信号时应立即停止加载，复位后关闭电源。

3）修补

在结构构件上进行拉脱法试验后，留下的孔洞应用同强度或高一个等级的细石混凝土进行修补。

6. 混凝土强度换算及推定

（1）单个构件检测时，记录每点最大拉脱力 F_i，测量试件断裂处相互垂直的直径尺寸 D_1、D_2。第 i 个拉脱试件的平均直径、截面积及强度换算值应按式（2-50）～式（2-54）计算：

$$D_{m,i} = (D_1 + D_2)/2 \tag{2-50}$$

$$A_i = (\pi \times D_{m,i}^2)/4 \tag{2-51}$$

$$f_{p,i} = F_i/A_i \tag{2-52}$$

$$f_{p,m,i} = \frac{1}{3}\sum_{i=1}^{3} f_{p,i} \tag{2-53}$$

$$f_{cu,r,i}^{c} = 22.886 f_{p,m,i}^{0.877} \tag{2-54}$$

式中　D_1、D_2——第 i 个拉脱试件互为垂直的两个方向直径（mm），精确至 0.1mm；

$\qquad D_{m,i}$——第 i 个拉脱试件平均直径（mm），精确至 0.1mm；

$\qquad F_i$——第 i 个拉脱试件测得的最大拉脱力（N），精确至 1N；

$\qquad A_i$——第 i 个拉脱试件截面积（mm²），精确至 0.01mm²；

$\qquad f_{p,i}$——第 i 个测点试件拉脱强度值（MPa），精确至 0.001MPa；

$\qquad f_{p,m,i}$——第 i 个构件拉脱试件强度平均值（MPa），精确至 0.001MPa；

$\qquad f_{cu,r,i}^{c}$——第 i 个构件拉脱强度换算的混凝土立方体抗压强度代表值（MPa），精确至 0.1MPa。

（2）结构构件混凝土立方体抗压强度推定值 $f_{cu,e}$ 应按下列规定确定：

① 按单个构件检测，由拉脱强度值换算的混凝土立方体抗压强度代表值 $f_{cu,r,i}^c$ 可作为构件的混凝土抗压强度推定值 $f_{cu,e}$，并应按式（2-55）确定：

$$f_{cu,e} = f_{cu,r,i}^c \qquad (2\text{-}55)$$

式中　$f_{cu,e}$——结构构件混凝土强度推定值（MPa），精确至 0.1MPa。

② 对大型结构构件的检测，混凝土推定强度应按式（2-38）、式（2-39）、式（2-56）和式（2-57）计算：

$$f_{cu,i}^c = 22.886 f_{p,i}^{0.877} \qquad (2\text{-}56)$$

$$s_{f_{cu}^c} = \sqrt{\frac{\sum\limits_{i=1}^{n}(f_{cu,i}^c)^2 - n(m_{f_{cu}^c})^2}{n-1}} \qquad (2\text{-}57)$$

式中　$f_{cu,i}^c$——第 i 个测点换算的混凝土立方体抗压强度值（MPa），精确至 0.1MPa；

　　　$m_{f_{cu}^c}$——结构构件测点混凝土强度换算值的平均值（MPa），精确至 0.1MPa；

　　　$s_{f_{cu}^c}$——结构构件测点混凝土强度换算值的标准差（MPa），精确至 0.01MPa；

　　　n——测点数（个）。

③ 按检测批抽检的混凝土推定强度，宜按式（2-38）式（2-39）、式（2-56）和式（2-57）计算确定；当计算结果略低于设计值时，也可按第 1 章 1.5 "2. 结果判定"规定计算推定区间。

（3）按检测批检测的结构构件，当一批结构构件的测点混凝土抗压强度标准差出现下列情况之一时，应全部按单个构件进行强度推定：

① 混凝土抗压强度平均值 $m_{f_{cu}^c}$ 小于 25.0MPa 时，标准差 $s_{f_{cu}^c}$ 大于 4.50MPa。

② 混凝土抗压强度平均值 $m_{f_{cu}^c}$ 在 25.0～50.0MPa 的范围内时，标准差 $s_{f_{cu}^c}$ 大于 5.50MPa。

③ 混凝土抗压强度平均值 $m_{f_{cu}^c}$ 大于 50.0MPa 时，标准差 $s_{f_{cu}^c}$ 大于 6.50MPa。

第 3 章　混凝土构件结构性能

3.1　预制构件验收检验

1. 概述

与单纯的材料性能检测不同，结构性能检测是以结构或构件为检测对象，依据结构设计中确定的极限状态或检测指标，通过施加静力荷载或动力激振等方式测试评定结构或构件的适用性、安全性和承载能力等性能。结构性能试验按所施加荷载特性的不同可分为静力试验和动力试验，按检测目的不同可分为研究性试验和验证性试验。在结构实体上进行的结构性能检测则称为原位试验。

对于批量生产的预制构件来说，根据产品定型、工艺调整或交货验收等不同目的，其检验类别还可分为首件检验、型式检验和验收检验。预制构件的验收检验也称为合格性检验，主要是通过在构件上施加短期静力荷载，根据构件的变形、裂缝、破坏标志等相关受力反应来判定其是否满足结构设计的要求。

2. 检测项目

构件结构性能验收检验的检测项目包括：挠度、裂缝宽度（抗裂系数）、承载力。

3. 依据标准

《混凝土结构工程施工质量验收规范》GB 5204—2015。

《混凝土结构试验方法标准》GB/T 50152—2012。

4. 准备工作

1）样品要求

进场的预制构件应按类型分批提交验收，同一钢种、同一混凝土强度等级、同一生产工艺和同一结构形式的预制构件可按同类型分批。抽样时，宜从设计荷载最大、受力最不利或生产数量最多的构件中抽取。

预制构件的混凝土强度应达到设计强度的 100% 以上。构件在试验前应测量其实际尺寸，并检查构件表面，确认构件没有严重的质量缺陷或影响结构性能的尺寸偏差，构件上所有的缺陷和裂缝应予以标出。

钢筋混凝土构件和允许出现裂缝的预应力混凝土构件应进行承载力、挠度和裂缝宽度检验；不允许出现裂缝的预应力构件应进行承载力、挠度和抗裂检验。

对大型构件及有可靠应用经验的构件，可只进行裂缝宽度、抗裂和挠度检验。非梁板类简支受弯构件在采取其他控制措施后，进场时可不进行结构性能检验。

2）环境条件

检验场地的温度应在 0℃ 以上，蒸汽养护后的构件应在冷却至常温后进行试验。

3）仪器设备

（1）加载设备

加载设备包括加载梁、支墩、支座、千斤顶、加载砝码等，如图 3-1 和图 3-2 所示。

图 3-1　液压千斤顶外形　　　　图 3-2　加载砝码外形

试验室内加载所用的万能试验机、拉力机、压力机等的精度不应低于 1%；电液伺服结构试验系统的荷载量测精度不应低于 1.5%；非试验室条件进行的预制构件试验可采用满足试验要求的其他加载方式，加载量的允许误差不应超过 5%。

采用千斤顶加载时，宜用误差 1% 以内的力值量测仪表测定加载量。对非试验室条件时，也可以采用油压表测定千斤顶的加载量，油压表的精度不应低于 1.5 级，并应与千斤顶配套进行标定，绘制标定曲线，曲线的重复性允许误差不应大于 5%。同一油泵带动的各个千斤顶，其相对高差不应大于 5m。

（2）量测仪器。

量测仪器包括位移计（百分表）及表座、应变仪、裂缝观测仪、钢卷尺、钢直尺等，如图3-3、图3-4和图3-5。

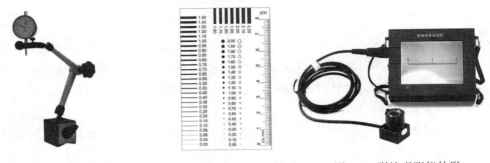

图 3-3　百分表及表座外形　　　图 3-4　裂缝宽度尺外形　　　图 3-5　裂缝观测仪外形

5. 支承方式

1）支承装置

（1）支承装置应保证试件的边界约束条件和受力状态符合试验方案的计算简图。

（2）支承装置应有足够的刚度、承载力和稳定性，不应产生影响试件正常受力和测试精度的变形。

（3）为保证支承面紧密接触，支承装置上、下钢垫板宜预埋在试件或支墩内；也可采用砂浆或干砂将钢板与试件、支墩垫平；当试件承受较大集中力或支座反力时，应依据《混凝土结构设计规范》GB 50010—2010进行局部受压承载力验算，如图3-6所示。

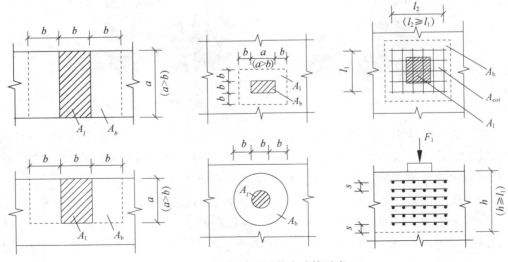

图 3-6　局部受压承载力验算示意

2）简支受弯支座

（1）支座仅能提供垂直于跨度方向的竖向反力。

（2）单跨和多跨试件的支座，除一端应为固定铰支座外，其他应为滚动铰支座，铰支座的宽度不宜小于试件在支承处的宽度，如图 3-7 所示。

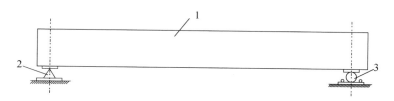

图 3-7　简支支座示意

1—试件；2—固定铰支座；3—滚动铰支座

（3）固定铰支座应限制试件在跨度方向的位移，但不应限制试件在支座处的转动；滚动铰支座不应限制试件在跨度方向的变形和位移以及在支座处的转动，如图 3-8 所示。

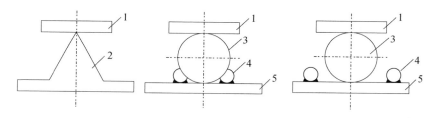

图 3-8　铰支座形式示意

1—上垫板；2—带刀口的下垫板；3—钢滚轴；4—限位钢筋；5—下垫板

（4）各支座的轴线布置应符合计算简图的要求。当试件平面为矩形时，各支座的轴线应彼此平行且垂直于试件的纵向轴线；各支座轴线间的距离应等于试件的试验跨度。

（5）铰支座的长度不宜小于试件的宽度；上垫板的宽度宜与试件的设计支承宽度一致；垫板的厚宽比不宜小于 1/6；钢滚轴直径宜按表 3-1 选取。

表 3-1　钢滚轴直径

支座处线荷载（kN/mm）	直径（mm）
＜2.0	50
2.0～4.0	60～80
4.0～6.0	80～100

（6）当无法满足上述理想简支条件时，应考虑支座处水平移动受阻引起的约束力或支座处转动受阻引起的约束弯矩等因素对试验结果的影响。

3）其他支座方式

（1）悬臂构件的支座应具有足够的承载力和刚度，并应满足对试件端部嵌固的要求。上、下支座的中心线至梁端的距离宜分别为设计嵌固长度的 1/6 和 5/6，如图 3-9 所示。

上、下支座的承载力和刚度应符合试验加载的要求。

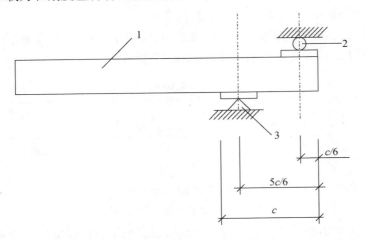

图 3-9　悬臂试件嵌固端支座示意

1—悬臂试件；2—上支座；3—下支座；c—设计嵌固长度

（2）四角简支或四边简支的双向板试件，其支承方式应保证支承处构件能自由转动，支承面可以相对水平移动，如图 3-10 所示。

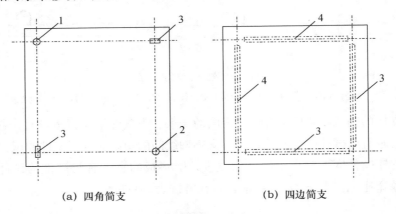

（a）四角简支　　　　　　　　　　（b）四边简支

图 3-10　简支双向板支座示意

1—钢球；2—半圆钢球；3—滚轴；4—角钢

（3）受压试件的端支座对试件应只提供沿试件轴向的反力，且不应发生水平位移，试件端部能够自由转动，无弯矩约束；如在试件端部加载，应进行局部受压验算，必要时应设置柱头保护钢套对柱端进行局部加强，但加强设置不应改变柱头的受力状态，如图 3-11 所示。

（4）对侧向稳定性较差的屋架、桁架、薄腹梁等受弯试件，应根据试件的实际情况设置平面外支撑或加强顶部的侧向刚度，保持试件的侧向稳定。平面外支撑及顶部的侧向加强设施的刚度和承载力应符合设计要求，且不影响试件在平面内的正常受力和变形。不单独设置平面外支撑时，也可采用构件拼装组合的形式进行加载试验，如图 3-12 所示。

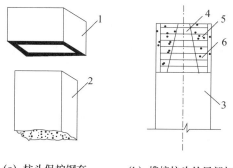

(a) 柱头保护钢套   (b) 榫接柱头的局部加强

图 3-11   受压试件局部加强示意

1—保护钢套；2—柱头；3—预制试件；4—榫头；5—后浇混凝土；6—加密箍筋

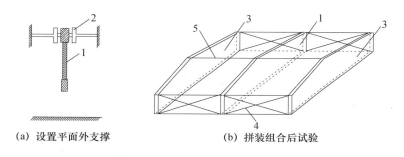

(a) 设置平面外支撑   (b) 拼装组合后试验

图 3-12   薄腹构件支撑及拼装示意

1—试件；2—侧向支撑；3—辅助构件；4—横向支撑；5—上弦系杆

（5）重型受弯构件进行足尺寸试验时，可采用水平相背放置的两榀试件，两端用拉杆连接，互为支座，通过顶部加载的方式进行试验，如图 3-13 所示。试件应水平卧放，构件下部应设置滚轴，保证试件在受力平面内的自由变形，拉杆的承载力和刚度应根据试验要求进行验算。

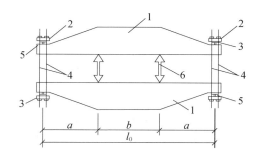

图 3-13   互为支座对顶加载示意

1—试件；2—支座钢板；3—刀口支座；4—拉杆；5—滚动铰支座；6—千斤顶

4）基部要求

（1）支墩和地基在试验最大荷载作用下的总压缩变形不应超过试件挠度值的 1/10。

（2）连续梁、四角支承和四边支承双向板等试件需要 2 个以上支墩时，各支墩的刚度应相同。

（3）单向试件 2 个铰支座的高差应符合设计要求，其允许偏差不应超过试件跨度的 1/200；双向板支墩在 2 个跨度方向的高差和偏差均应满足上述要求。

（4）多跨连续试件各中间支墩宜采用可调式支墩，并宜安装力值量测仪表，根据支座反力的要求调节支墩的高度。

6. 荷载布置

1）布置方式

（1）试件宜采用与实际受力状态一致的正位加载。当需要采用卧位、反位或其他异位加载方式时，应防止试件在就位过程中产生裂缝、不可恢复的挠曲或其他附加变形，并应考虑试件自重作用方向与其实际受力状态不一致的影响。

（2）荷载布置方式有均布荷载和集中荷载两种形式。对板、梁和桁架等简支构件采用集中荷载方式加载时，常用的有三分点加荷和四分点加荷两种方式。

（3）采用集中力模拟均布荷载对简支受弯构件进行等效加载时，应对加载值和挠度值进行修正，等效集中荷载和挠度修正系数可按表 3-2 选取，挠度修正系数是指在均布荷载下跨中挠度与等效加载时跨中挠度的比值。

表 3-2　等效集中荷载和挠度修正系数

名称	等效加载模式及加载值 P	挠度修正系数 ϕ
均布荷载	q，l	1.00
四分点集中力加载	$ql/2$，$ql/2$；$l/4$，$l/2$，$l/4$	0.91
三分点集中力加载	$3ql/8$，$3ql/8$；$l/3$，$l/3$，$l/3$	0.98
八分点集中力加载	$ql/4$；$l/8$，$l/4\times3$，$l/8$	0.97
十六分点集中力加载	$ql/8$；$l/16$，$l/8\times7$，$l/16$	1.00

（4）荷载的布置应符合设计要求。当受条件限制不能完全与设计要求相符时，也可采用等效加载的形式。采用等效加载方式时，控制截面或部位上的主要内力的数值应相等，其余截面或部位上的主要内力和非主要内力的数值应接近、内力图形相似，而且内力等效对试验结果的影响应可明确计算。

（5）对需在多处加载的试验，可采用分配梁系统进行多点加载，如图 3-14 所示。分配比例（2 个集中力的比例）不宜大于 4∶1，分配级数不宜大于 3 级，加载点不应多于 8 点。分配梁的刚度应满足试验要求，其支座应采用单跨简支支座。

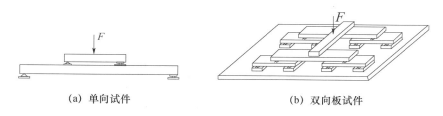

（a）单向试件　　　　　　　　　　（b）双向板试件

图 3-14　分配梁加载示意

（6）集中力加载作用处的表面应设置钢垫板，垫板的面积及厚度应由垫板刚度及混凝土局部受压承载力验算确定，如图 3-15 所示。钢垫板宜预埋在构件内，也可采用砂浆或干砂垫平，保持稳定支承及均匀受力。

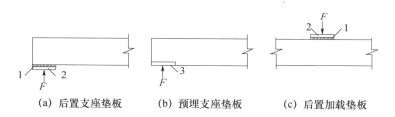

（a）后置支座垫板　　　（b）预埋支座垫板　　　（c）后置加载垫板

图 3-15　集中力处垫板设置示意
1—砂浆；2—垫板；3—预埋钢板

2）加荷方式

（1）当采用重物加载时，加载物应重量均匀一致，形状规则，不宜采用有吸水性的加载物。

（2）铁块、混凝土块、砖块等加载物重量应满足加载分级的要求，单块重量不宜大于250N；试验前应对加载物称重，求得其平均重量。

（3）当采用散体材料（砂、土、石子等）进行均布加载时，散体材料可装袋称量后读数加载，也可在构件上表面加载区域周围设置侧向围挡，逐级称量加载并均匀摊平，如图3-16 所示；加载时应避免散体外漏。

3）荷载分区

（1）加载物应分堆码放，沿受力跨度方向的堆积长度宜为 1m 左右，且不应大于跨度的 1/6～1/4。

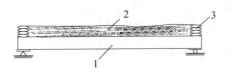

图 3-16　散体材料均布加载示意
1—试件；2—散体材料；3—围挡

（2）堆与堆之间宜预留不小于 50mm 的间隙，避免变形后形成拱作用，如图 3-17 所示。

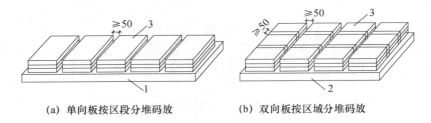

（a）单向板按区段分堆码放　　　（b）双向板按区域分堆码放

图 3-17　均布荷载分区示意
1—单向板试件；2—双向板试件；3—堆载

7. 检验指标

1）极限状态与荷载组合

（1）极限状态

① 当整个结构或结构的一部分达到某一特定状态就不能满足设计规定的某一功能要求时，称此特定状态为该功能的极限状态。混凝土构件按极限状态的类别可分为正常使用极限状态和承载力极限状态。

② 正常使用极限状态对应于结构或构件达到正常使用或耐久性能的某项规定限值。如：影响正常使用或外观的变形；影响正常使用或耐久性能的局部损坏（包括裂缝）；影响正常使用的振动；影响正常使用的其他特定状态。

③ 承载能力极限状态对应于结构或构件达到最大承载能力或不适于继续承载的变形。如：整个结构或结构的一部分作为刚体失去平衡（如倾覆等）；结构构件或因超过材料强度而破坏（包括疲劳破坏），或因过度变形而不适于继续承载；结构转变为机动体系；结构构件丧失稳定（如压屈）；地基丧失承载能力而破坏（如失稳）。

（2）荷载组合

① 建筑结构的荷载可分为永久荷载（如结构自重、预应力等）、可变荷载（如活荷载、风荷载、温度作用等）和偶然荷载（如爆炸力、撞击力等）。在进行结构设计时，应

对不同荷载采用不同的代表值。对永久荷载应采用标准值为代表值；对可变荷载应根据设计要求采用标准值、组合值、频遇值或准永久值为代表值；对偶然荷载应按建筑结构使用的特点确定其代表值。

② 结构设计应根据使用过程中在结构上可能同时出现的荷载，按正常使用极限状态和承载力极限状态分别进行荷载组合，并应取各自的最不利的组合进行设计。对于正常使用极限状态，应根据不同的设计要求，采用荷载的标准组合、频遇组合或准永久组合。对于承载能力极限状态，应按荷载的基本组合或偶然组合计算荷载组合的效应设计值。

③ 依据《建筑结构荷载规范》GB 50009—2012，相关荷载及荷载组合的定义如下。

永久荷载：在结构使用期间，其值不随时间变化，或其变化与平均值相比可以忽略不计，或其变化是单调的并能趋于限值的荷载。

可变荷载：在结构使用期间，其值随时间变化，且其变化与平均值相比不可以忽略不计的荷载。

偶然荷载：在结构设计使用年限内不一定出现，而一旦出现其量值很大，且持续时间很短的荷载。

标准值：荷载的基本代表值，为设计基准期内最大荷载统计分布的特征值（如平均值、中位值、某分位值等）。

组合值：对可变荷载，使组合后的荷载效应在设计基准期内的超越概率能与该荷载单独出现时的概率趋于一致的荷载值，或使组合后的结构具有统一规定的可靠指标的荷载值。

频遇值：对可变荷载，在设计基准期内，其超越的总时间为规定的较小比率或超越频率为规定频率的荷载值。

准永久值：对可变荷载，在设计基准期内，其超越的总时间为设计基准期一半的荷载值。

荷载代表值：设计中用以验算极限状态所采用的荷载量值，如标准值、组合值、频遇值和准永久值。

荷载设计值：荷载代表值与荷载分项系数的乘积。

荷载组合：按极限状态设计时，为保证结构的可靠性而对同时出现的各种荷载设计值的规定。

标准组合：正常使用极限状态计算时，以标准值或组合值为荷载代表值的组合。

基本组合：承载能力极限状态计算时，永久荷载和可变荷载的组合。

频遇组合：正常使用极限状态计算时，对可变荷载采用频遇值或准永久值为荷载代表值的组合。

准永久组合：正常使用极限状态计算时，对可变荷载采用准永久值为荷载代表值的组合。

偶然组合：承载力极限状态计算时，永久荷载、可变荷载和一个偶然荷载的组合，以及偶然事件发生后受损结构整体稳固性验算时永久荷载与可变荷载的组合。

2）挠度

（1）当按设计要求进行挠度允许值检验时，应满足式（3-1）的要求。

$$a_s^0 \leqslant [a_s] \qquad (3-1)$$

式中　a_s^0——在检验用荷载标准组合或荷载准永久组合值作用下的构件挠度实测值（mm）；

$[a_s]$——挠度允许值（mm），钢筋混凝土受弯构件按式（3-2）计算，预应力混凝土受弯构件按式（3-3）计算。

$$[a_s] = [a_f] / \theta \qquad (3-2)$$

式中　$[a_f]$——受弯构件的挠度限值（mm），按 GB 50010 确定；

θ——考虑荷载长期效应组合对挠度增大的影响系数（根据截面配筋率取 1.6～2.0），按 GB 50010 确定。

$$[a_s] = \frac{M_k}{M_q (\theta-1) + M_k} [a_f] \qquad (3-3)$$

式中　M_k——按荷载标准组合值计算的弯矩值（kN·m）；

M_q——按荷载准永久组合值计算的弯矩值（kN·m）。

（2）当按构件实配钢筋进行挠度检验或仅检验构件的挠度、抗裂或裂缝宽度时，应满足式（3-4）的要求。

$$a_s^0 \leqslant 1.2 a_s^c \qquad (3-4)$$

式中　a_s^c——在检验用荷载标准组合或荷载准永久组合值作用下，按实配钢筋确定的构件短期挠度计算值（mm），按 GB 50010—2010 确定。

3）抗裂和裂缝宽度

（1）预制构件的抗裂检验应满足式（3-5）的要求。

$$\gamma_{cr}^0 \geqslant [\gamma_{cr}] \qquad (3-5)$$

式中　γ_{cr}^0——抗裂检验系数实测值，即试件的开裂荷载实测值与检验用荷载标准组合值（均包括自重）的比值；

$[\gamma_{cr}]$——构件的抗裂检验系数允许值，按式（3-6）计算。

$$[\gamma_{cr}] = 0.95 \frac{\sigma_{pc} + \gamma f_{tk}}{\sigma_{ck}} \qquad (3-6)$$

式中　σ_{pc}——由预应力产生的构件抗拉边缘混凝土法向应力值（MPa），按 GB 50010—2010 确定；

γ——混凝土构件截面抵抗矩塑性影响系数；

f_{tk}——混凝土抗拉强度标准值（MPa）；

σ_{ck}——按荷载标准组合值计算的构件抗拉边缘混凝土法向应力值（MPa），按 GB 50010 确定。

（2）预制构件的裂缝宽度检验应满足式（3-7）的要求。

$$W^0_{s.\,max} \leqslant [W_{max}]$$

(3-7)

式中　$w^0_{s.\,max}$——在检验用荷载标准组合值或荷载准永久组合值作用下，受拉主筋处的最大裂缝宽度实测值（mm）；

　　$[w_{max}]$——构件检验的最大裂缝宽度允许值（mm），按表 3-3 选取。

表 3-3　构件最大裂缝允许值

设计最大裂缝宽度限值（mm）	0.1	0.2	0.3	0.4
检验最大裂缝宽度允许值（mm）	0.07	0.15	0.20	0.25

4）承载力

（1）当按设计要求进行承载力检验时，应满足式（3-8）的要求。

$$\gamma^0_u \geqslant \gamma_0 [\gamma_u]$$

(3-8)

式中　γ^0_u——构件承载力检验系数实测值，即试件的荷载实测值与荷载设计值（均包括自重）的比值；

　　γ_0——结构重要性系数，按设计要求的结构等级确定，无特殊要求时取 1.0；

　　$[\gamma_u]$——构件的承载力检验系数允许值，根据可能发生的不同破坏标志，按表 3-4 选取。

表 3-4　构件承载力检验系数允许值

受力情况	达到承载能力极限状态的检验标志		$[\gamma_u]$
受弯	受压主筋处的最大裂缝宽度达到 1.5mm，或挠度达到跨度的 1/50	有屈服点热轧钢筋	1.20
		无屈服点钢筋（钢丝、钢绞线、冷加工钢筋、无屈服点热轧钢筋）	1.35
	受压区混凝土破坏	有屈服点热轧钢筋	1.30
		无屈服点钢筋（钢丝、钢绞线、冷加工钢筋、无屈服点热轧钢筋）	1.50
	受拉主筋拉断		1.50
受弯构件的受剪	腹部斜裂缝达到 1.5mm，或斜裂缝末端受压混凝土剪压破坏		1.40
	沿斜面混凝土斜压破坏，斜拉破坏，受拉主筋在端部滑脱或其他锚固破坏		1.55
	叠合构件叠合面、接槎处		1.45

（2）当按构件实配钢筋进行承载力检验时，应满足式（3-9）的要求。

$$\gamma^0_u \geqslant \gamma_0 \eta [\gamma_u]$$

(3-9)

式中　η——构件承载力检验修正系数，按 GB 50010—2010 确定。

8. 加载程序

1）预加载

（1）试验开始前应进行预加载，检验支座是否平稳，仪表及加载设备是否正常，并对仪表进行调零。预加载应控制在弹性范围内，不应使试件产生裂缝及其他形式的加载残余值。

（2）挠度测点应在跨中沿构件两侧对称布置，仪表架应独立不动，并排除地基变形对仪表支架的影响。

2）荷载分级

（1）验证性试验宜分级进行加载，荷载分级应包括各级临界试验荷载值；试验设备重量及构件自重应作为第一次加载的一部分。

（2）当荷载小于检验荷载标准值时，每级荷载不应大于检验荷载标准值的20％。

（3）当荷载大于检验荷载标准值时，每级荷载不应大于检验荷载标准值的10％。

（4）当荷载接近抗裂检验荷载值时，每级荷载不应大于检验荷载标准值的5％；试件开裂后，每级荷载不应大于检验荷载标准值的10％。

（5）当荷载接近承载力检验值时，每级荷载不应大于承载力检验值的5％。

3）持荷时间

（1）验证性试验时，每级加载后的持荷时间应不少于10～15min。

（2）在使用状态检验荷载标准值作用下，应持续30min；跨度较大的屋架、桁架及薄腹梁等试件，当不再进行承载力试验时，在标准荷载作用下的持荷时间不宜少于12h；在持续时间内，应观察裂缝的出现和开展，以及钢筋有无滑移等；在持续时间结束时，应观察并记录各项读数。

（3）验证性检验可加载至所有规定的项目通过检验；首件检验（批量生产之前）应加载到试件出现承载力标志；型式检验宜在加载到试件出现承载力标志后进行后期加载。

9. 量测数据

1）量测时间

（1）当采用人工测读时，应按一定的时间间隔测读，全部测点读数时间基本相同。

（2）采用分级加载时，宜在持荷开始时预读，持荷结束正式测读。

（3）环境温度、湿度对量测结果有明显影响时，宜同时记录环境的温湿度。

2）力值量测

（1）采用均布重物加载时，以每堆加载物的数量乘以单重，再折算成区格内的均布加载值；称量用衡器的误差为量程的 1.0%。

（2）采用均布散体加载时，称量倾倒散体时所用容器中散体的重量，以加载次数计算重量，再折算成均布加载值；称量用衡器的误差为量程的 1.0%。

3）位移量测

（1）应在试件最大位移处及支座处布置测点；宽度较大的试件，还应在试件的两侧布置测点，并取两侧测值的平均值为结果。

（2）对具有边肋的单向板，除应量测边肋挠度外，还宜量测板宽中央的最大挠度。

（3）确定悬臂构件自由端挠度时，应消除支座转角和支座沉降的影响。

（4）位移量测应采用仪表测读，对于后期变形较大的情况，可拆除仪表改用"水准仪-标尺"或采用"拉线-直尺"等方法进行量测，如图 3-18 所示。

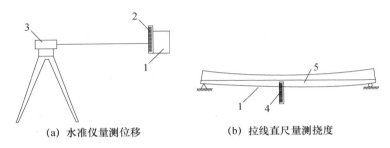

（a）水准仪量测位移　　　　　（b）拉线直尺量测挠度

图 3-18　后期位移测量方法示意

1—构件；2—标尺；3—水准仪；4—直尺；5—拉线

（5）当试验荷载竖直向作用时，对水平放置的试件，在各级荷载下的跨中挠度实测值可按式（3-10）计算。如双侧布表，则取均值代入式中。

$$a_t^0 = a_q^0 + a_g^0 \qquad (3\text{-}10)$$

式中　a_t^0——全部荷载作用下构件跨中挠度实测值（mm）；

$\quad\quad a_q^0$——外加荷载作用下构件跨中挠度实测值（mm），按式（3-11）计算；

$\quad\quad a_g^0$——构件自重及加荷设备重量产生的跨中挠度值（mm），按式（3-12）计算。

$$a_q^0 = v_m^0 - \frac{1}{2}\left(v_l^0 + v_r^0\right) \qquad (3\text{-}11)$$

式中　v_m^0——外加荷载作用下构件跨中位移实测值（mm）；

$\quad\quad v_l^0$——外加荷载作用下构件左端支座沉陷实测值（mm）；

$\quad\quad v_r^0$——外加荷载作用下构件右端支座沉陷实测值（mm）。

$$a_g^0 = \frac{M_g}{M_b} a_b^0 \qquad (3\text{-}12)$$

式中　M_g——构件自重及加荷设备重量产生的跨中弯矩值（kN·m），

$\quad\quad M_b$——从外加荷载开始至构件出现裂缝的前一级荷载为止的外加荷载产生的跨中弯矩值（kN·m）；

$\quad\quad a_b^0$——从外加荷载开始至构件出现裂缝的前一级荷载为止的外加荷载产生的跨中挠

度实测值（mm）。

（6）当采用等效集中力模拟均布荷载进行试验时，挠度实测值应按表 3-2 进行修正。

4）裂缝量测

（1）试件混凝土的开裂可采用下列方法进行判断。①直接观察法：将试件表面刷白，用放大镜或电子裂缝仪观察第 1 次出现的裂缝。②仪表动态判定法：当以重物加载时，荷载不变而位移读数持续增大。③挠度转折法：对大跨度试件，根据加载过程中试件的荷载—变形关系曲线中的转折判断并确定开裂荷载；当千斤顶加载时，在某变形下位移不变而荷载读数持续减小，则表明试件已开裂。

（2）裂缝出现以后，应在试件上描绘裂缝的位置、分布、形态，记录裂缝宽度和对应的荷载值或荷载等级。

（3）对梁、柱、墙等构件的受弯裂缝应在构件侧面受拉主筋处量测最大裂缝宽度；对受剪裂缝应在构件侧面斜裂缝最宽处量测最大裂缝宽度。

（4）板类裂缝可在板面或板底量测最大裂缝宽度。

（5）其余试件应根据试验目的，量测预定区域的裂缝宽度。

（6）量测裂缝的仪表的精度要求如下：刻度放大镜，不宜大于 0.05mm；电子裂缝观察仪，不宜大于 0.02mm；振弦式测缝计，不宜大于量程的 0.05％；裂缝宽度检验卡，不宜大于 0.05mm。

（7）对试验加载前已存在的裂缝，应进行量测和标记，初步分析裂缝的原因和性质，并跨裂缝作石膏标记。试验加载后，应对已存在裂缝的发展进行观测和记录，并通过对石膏标记上裂缝的量测，确定裂缝宽度的变化。

5）过程记录

（1）检验原始记录应在现场完成，并至少包括：试验背景（试件生产单位、名称、型号、生产工艺、生产日期、所代表的验收批号等）、试件参数（形状、尺寸、配筋、混凝土强度、保护层厚度等）、试验参数（加载模式、方法、荷载代表值、仪表布置及编号）、各检验项目允许值、加载程序（等级、数值、时间）、仪表记录（读数、量测参数变化）、裂缝观测（开裂荷载、裂缝发展、宽度变化、裂缝分布图）、现象描述（临界试验荷载下的现象观察、承载力标志及破坏特征的简单描述）等。

（2）进行抗裂检验时，当在规定的荷载持续时间内出现裂缝时，应取本级荷载值与前一级荷载的平均值作为其开裂荷载实测值；当在规定的荷载持续时间结束后出现裂缝时，应取本级荷载值作为其开裂荷载实测值。

（3）在加载过程中出现承载力极限状态标志时，取前一级荷载值为实测值；在持荷过程中出现承载力极限状态标志时，取该级与前一级荷载值的平均值为实测值；在持荷时间完成后出现承载力极限状态标志时，取该级荷载值为实测值。

（4）当采用缓慢平稳的持续加载方式时（非验证性试验），取出现标志时所达到的最大荷载值为实测值。

10. 结果判定

当试件结构性能的全部检验结果均满足检验要求时，该批构件判为合格。

当试件的检验结果不满足上述要求，但又能满足第二次检验指标要求时，可再抽两个试件进行二次检验。

第二次检验指标，对承载力及抗裂检验系数的允许值应比标准规定的允许值减 0.05；对挠度的允许值应取标准规定允许值的 1.10 倍。裂缝宽度的第二次检验指标与初始指标相同。

二次检验时，如第一个试件的全部检验结果均满足标准初始检验指标要求，该批构件判为合格。如两个构件的全部检验结果均满足第二次检验指标的要求，该批构件也判为合格。

如果未达到上述要求，则判定该批构件不合格。

11. 注意事项

（1）仅作挠度、抗裂或裂缝宽度检验的构件应分级卸载。

（2）二次检验时，每一个构件均应完整地取得所有需要项目的检验结果，不得因某一项达到二次抽样检验指标就中途停止试验而不再对其余项目进行检验，以免导致漏判。

（3）叠合构件底部的预制构件，应在同条件养护试块强度达到设计要求以后，在其上部浇筑后浇层，并在后浇层混凝土强度达到设计要求后进行检验。

（4）对梁、板类叠合构件，后浇层混凝土强度等级宜与底部构件相同，厚度宜取底部构件的 1.5 倍；当预制底板为预应力板时，还应配置界面抗剪构造钢筋。

（5）对进场时不做结构性能检验的预制构件，应采取下列措施：施工单位或监理单位代表应驻厂监督生产过程；当无驻厂监督时，预制构件进场时应对其主要受力钢筋数量、规格、间距、保护层厚度及混凝土强度等进行实体检验。

12. 安全防护

（1）结构试验方案应包含保证试验过程中人身和设备仪表安全的措施及应急预案。试验前，试验人员应学习、掌握有关安全措施及应急预案；应设置熟悉试验工作的安全员，负责试验过程的安全监督。

（2）制订结构加载方案时，应采用安全性高、有可靠保护措施的加载方式，避免在加载过程中结构破坏或加载能量释放伤及试验人员或导致设备、仪表损坏。

（3）在试验准备工作中，试件、加载设备、荷载架等的吊装，电气线路的安装，试验后试件和试验装置的拆除，均应符合有关工程安全技术规定。吊车司机、焊工、电工等人员需经专业培训并有相应的资质。试验加载过程中，所有设备、仪表的使用均应严格遵守有关操作规程。

（4）试验用的荷载架、支座、支墩、脚手架等支承加载装置均应有足够的安全储备，现场试验的地基应有足够的承载力和刚度。安装试件的固定连接件、螺栓等应经过验算，并保证发生破坏时不致弹出伤人。

（5）试验过程中应确保人员安全，试验区域应设置明显的标志。试验过程中，试验人员测读仪表、观察裂缝和进行加载等操作均应有可靠的工作台和脚手架。工作台和脚手架不应妨碍试验结构的正常变形。

（6）试验人员应与试验设备保持足够的安全距离，或设置专门的防护装置，将试件与人员和设备隔离，避免因试件、堆载或试验设备倒塌及倾覆造成伤害。对可能发生试件破坏的试验，应采取屏蔽措施，防止试件突然破坏时碎片或者锚具等物体飞出危及人身、仪表和设备的安全。

（7）试验用的千斤顶、分配梁、仪表等应采取防坠落措施；仪表宜采用防护罩加以保护。

（8）当加载至接近试件极限承载力时，宜拆除可能因构件破坏而损坏的仪表，改用其他量测方法；对需继续量测的仪表，应采取有效的保护措施。

（9）其他安全防护事项参见 3.2 "13. 安全防护"的内容。

13. 相关标准

《混凝土结构设计规范（2015 年版）》GB 50010—2010。
《建筑结构荷载规范》GB 50009—2012。

3.2　构件原位试验

1. 概述

与单一的独立构件相比，在实体结构上进行的原位试验能直接反映结构和构件真实的性能，而且对于一些既有建筑结构，原位试验是进行结构检测及可靠性评估的一种重要手段。原位静力试验具有模拟性强、加载量大、环境复杂、安全风险大等特点。对大跨、超高、对振动有特殊要求的结构或当动力特性对结构的可靠性评估起重要作用时，还需要对结构和构件进行动力特性测试。

2. 检测项目

原位静力试验的检测项目包括：挠度、裂缝宽度（抗裂系数）、承载力。根据不同的试验目的，需观察量测的项目包括：构件的最大挠度、支座处的位移、控制截面的应变、裂缝出现与扩展情况以及与受检构件相关联的装饰装修层的应变、管线的位移和变形、设备的相对位移及运行情况等。

原位动力试验的检测项目包括：结构自振频率、振型和阻尼比，结构受振动源激励后的位移、速度、加速度以及动应变等。

3. 依据标准

《混凝土结构现场检测技术标准》GB/T 50784—2013。
《混凝土结构试验方法标准》GB/T 50152—2012。

4. 适用范围

（1）原位试验主要用于以下结构构件：对怀疑有质量问题的结构或构件进行结构性能检验；改建、扩建再设计前，确定设计参数的系统检验；对资料不全、情况复杂或存在明显缺陷的结构，进行结构性能评估；采用新结构、新材料、新工艺的结构或难以进行理论分析的复杂结构，需通过试验对计算模型或设计参数进行复核、验证或研究其结构性能和设计方法；需修复的受灾结构或事故受损结构。

（2）原位静力试验根据试验目的可分为适用性检验、安全性检验和承载力检验。

5. 试件选择

（1）原位试验的结果应能反映被检结构构件的基本性能，应按约定的抽样原则从结构实体中选取。选取时应综合考虑以下因素：构件具有代表性，且计算受力最不利；构件施工质量较差、缺陷较多或损伤较严重；构件位置及环境便于施加荷载和观察量测；对处于正常服役期的结构，加载试验造成的损伤不应对结构的安全性和使用性能产生明显的影响。

（2）对装配式结构中的预制梁、板，若不考虑后浇面层的共同工作，应将板缝、板端或梁端的后浇面层断开，按单个构件进行试验。

6. 检验指标

（1）适用性检验荷载应根据结构构件正常使用极限状态荷载短期效应组合的设计值和加载图式经换算确定。安全性检验荷载应根据结构构件承载力极限状态荷载效应组合的设计值和加载图式经换算确定。承载力检验荷载应根据结构构件承载能力极限状态效应组合的设计值、加载图式和承载力检验标志经换算确定。

（2）当考虑后续使用年限影响时，可变荷载的调整系数宜根据《工程结构可靠性设计统一标准》GB 50153—2008、《建筑结构荷载规范》GB 50009—2012，并结合受检构件的具体情况确定。

（3）当有可靠检测数据时，可根据实测结果对结构构件自重的计算值作适当调整。

（4）直接加载试验应严格控制加载量，避免超加载造成超出预期的永久性结构损伤或事故。计算加载值时应扣除构件自重及加载设备的重量。

（5）当设计有专门要求时，宜采用设计要求的检验荷载值。

7. 加载方式

（1）加载形式应能模拟结构的内力，根据受检构件的内力包络图，通过荷载的调配使控制截面的主要内力等效；并在主要内力等效的同时，其他内力与实际受力的差异较小。

（2）对超静定结构，荷载布置均应采用受检构件与邻近区域同步加载的方式；加载过程应能保证控制截面上的主要内力比例逐级增加。

（3）可采用多种手段组合的加载方式，避免加载重物堆积过多，增加试验工作量。

（4）对预计出现裂缝或承载力标志等现象的重点部位，不应堆积加载物。

（5）应考虑合理简捷的加、卸载方式，避免试验过程中发生意外。

8. 加载程序

（1）检验荷载应分级施加，每级荷载、累计荷载以及荷载作用下观测数据的数值应通过计算分析确定。相关要求参见 3.1 "8. 加载程序"的内容。

（2）可选择下列指标作为停止加载工作的标志：控制测点的变形达到或超过规范允许值；控制测点的变形达到或超过理论计算值；出现裂缝或裂缝宽度超过规范允许值；出现承载力极限状态检验标志；检验荷载超过计算值。

（3）加载过程中，如出现下列现象时应立即停止加载，分析原因或采取相应的安全措施后方可继续加载：结构构件的裂缝、变形急剧发展、发生其他形式的意外现象。

（4）破坏性原位试验时，在结构构件进入塑性阶段后，宜根据受力特点、残余承载能力、延性指标、破坏模式等性能采用变形控制或变形与荷载双控的方式施加荷载，并应采取措施确保人员和设备的安全。

9. 量测数据

（1）每级荷载施加后应稳定测读相应的数据并及时与计算值进行比较。观察构件、支承的表面情况，必要时应观察相邻构件、附属设备与设施等的状态变化。

（2）全部荷载施加后或停止加载后应分级卸载，同时应测读相应数据，观察并记录构件两面情况；卸除全部荷载并达到变形恢复持续时间后，应再次测读相应数据，观察并记录表面情况。

（3）各数据的量测要求参见 3.1 "9. 量测数据"的内容。

10. 结果判定

（1）适用性检验时，经修正后的实测挠度值和裂缝宽度不应大于《混凝土结构设计规范（2015 版）》GB 50010—2010 等相关规范要求的限值，且附属设备、设备未出现影响正常使用的状态，此时可评定为适用性检验合格。

（2）安全性检验时，当受检构件无明显破坏迹象，实测挠度值满足下列条件之一时，可评定为安全性检验合格：实测挠度值小于相应理论计算值；实测挠度值与荷载基本保持线性关系；构件残余挠度不大于最大挠度的 20%。

（3）承载力检验时，根据构件加荷情况及相应的承载力极限状态标志按 3.1 中表 3-4 评定。

11. 注意事项

（1）试验前应收集结构的各类相关信息，包括原设计文件、施工和验收资料、服役历史、后续使用年限内的荷载和使用功能、已有的缺陷以及可能存在的安全隐患等。此外还应对材料强度、结构操作和变形等进行检测。

（2）应根据现场调查、检测和计算分析的结果，预测检验全过程中结构的性能，并应考虑相邻的结构构件、组件、附属设施或整个结构之间的影响。

12. 动力测试

1）测试方法

（1）结构动力测试宜选用脉动试验法，在满足测试要求的前提下也可选用初位移等其他激振方法。

（2）混凝土结构动力反应宜选用可稳定再现的动荷载作为检验荷载。当需确定基桩施工、设备运行等非标准动荷载作用下的动力反应时，应对该动荷载的再现性进行约定。

（3）检测结构振型时，可选用以下方法：在所要检测混凝土结构振型的峰、谷点上面布设测振传感器，用放大特性相同的多路放大器和记录特性相同的多路记录仪，同时记录各测点的振动响应信号；将结构分成若干段，选择某一分界点作为参考点，在参考点和各分界点分别布设测振传感器（拾振器），用放大特性相同的多路放大器和记录特性相同的多路记录仪，同时记录各测点的振动响应信号。

2）仪器设备

（1）动力测试的测试系统由激励系统、传感器和动态信号采集分析系统组成，常用的测试系统有电磁式、压电式、电阻应变式或光电式，如图 3-19～图 3-22 所示。在选择测试系统时应注意测振仪器的技术指标，使传感器、放大器、记录装置组成的测试系统的灵敏度、动态范围、幅频特性和幅值范围等技术指标满足被测结构动力特性范围的要求。

图 3-19　电磁式激振器外形

图 3-20　电阻式应变片外形

图 3-21　压电式加速度传感器外形

图 3-22　多通道信号采集仪外形

（2）动力测试前，应对测试系统的灵敏度、幅频特性和相频特性线性度等进行标定，标定宜采用系统标定。

3）测试步骤

（1）根据测试方案选择、调试并标定仪器设备，确定合适的量测范围。

（2）根据场地情况、测试要求和结构特点布置测点，测点宜避开振型的节点。

（3）在测点布置传感器，传感器的主轴方向应与测点主振动方向一致。

（4）连接导线（包括屏蔽线和接地线），对整个测量系统进行调试。

（5）合理设置测试参数，采集并保存实测数据。

4）数据处理

（1）对结构自振频率、振型和阻尼比等动力参数的测试及动力响应测试应同步量测多通道的时域曲线，采样频率应满足测试原理的要求。

（2）处理时域数据时，对记录的测试数据应进行零点漂移、记录波形和记录长度的检验；被测试结构的自振周期可在记录曲线上比较规则波段内取有限个周期的平均值；被测试结构的阻尼比可按自由衰减曲线求得，在采用稳态正弦波激振时，可根据实测的共振曲线采用半功率点法求得；被测试结构各测点的幅值应采用记录信号幅值除以测试系统的增益，并按此求得振型。

（3）处理频域数据时，对频域中的数据应采用滤波、零均值化方法处理；被测试结构的自振频率可采用自谱分析或傅里叶谱分析方法求得；被测试结构的阻尼比宜采用相关函数分析、曲线拟合或半功率点法确定；被测试结构的振型宜采用自谱分析、互谱分析或传递函数分析方法确定；对于复杂结构的测试数据宜采用谱分析、相关分析或传递函数分析等方法进行分析。

5）结果评价

应根据现场的调查状况、结构及人体的容许限值，通过分析论证对结构动力特性和动力响应影响提出评价意见。

13. 安全防护

（1）适用性检验时，经修正后的实测挠度值和裂缝宽度不应大于《混凝土结构设计规范（2015 版）》GB 50010—2010 等相关规范要求的限值，且附属设备、设备未出现影响正常使用的状态，此时可评定为适用性检验合格。

（2）承载力检验时，宜将受检构件从结构中移出，在场地附近按 3.1 中相关要求进行加载检验。确有把握时，可在原位进行，完成检验目标后应迅速卸载。

（3）对桁架、薄腹梁等易倾覆的大型构件，以及可能发生断裂、坠落、倒塌、平面失稳的试件，应根据安全要求设置支架、撑杆或侧向安全架，如图 3-23（a）所示。其与试件间应保持较小的间隙，且不影响试件的正常变形。

（4）悬吊重物加载时，应在加载盘下设置可调整支垫，并保持较小的间隙，防止因试件脆性破坏造成的坠落，如图 3-23（b）所示。

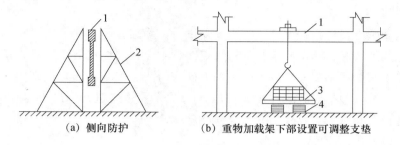

（a）侧向防护　　　　　（b）重物加载架下部设置可调整支垫

图 3-23　安全措施示意

1—构件；2—侧身防护；3—加载架；4—可调整支垫

（5）其他安全防护事项参见 3.1"12. 安全防护"的内容。

14. 相关标准

《建筑结构荷载规范》GB 50009—2012。

《混凝土结构设计规范》（2015 年版）GB 50010—2010。

《工程结构可靠性设计统一标准》GB 50153—2008。

第4章　砌体结构强度

砌体结构（包括砖混结构）在我国城镇的应用极为广泛，但是由于在砌体结构的施工过程中，多为人工砌筑，质量影响因素较多，同时砌筑用砂浆的质量控制方法和生产工艺与混凝土质量的控制方法和生产工艺相对比较落后，因此，对于砌体结构工程质量检测越来越引起人们的重视，其检测的方法也不断发展和更新。

4.1　检测方法和取样要求

1. 检测的主要内容和方法分类

（1）检测的主要内容

砌体工程现场检测的主要内容一般包括：砌体的抗压/抗剪强度、砌筑砂浆强度，砌体用块材（砖）的抗压强度检测。

（2）检测方法

砌体力学性能现场检测的方法很多，对于砌体本身的强度检测，常用的有切制抗压试件法、原位轴压法、扁顶法、原位单剪法等，检测砌体砂浆强度的方法包括筒压法、回弹法、贯入法等，检测砌体用砖的方法有回弹法、现场取样抗压试验法等。上述各种方法的特点、用途及限制条件见表4-1。

表 4-1　砌体工程现场主要检测方法一览表

序号	检测方法	特　点	用　途	限制条件
1	切制抗压试件法	1. 属取样检测，检测结果综合反映了材料质量和施工质量； 2. 试件尺寸与标准抗压试件相同；直观性、可比性强；	1. 检测普通砖和多孔砖砌体的抗压强度； 2. 火灾、环境侵蚀后的砌体剩余抗压强度	1. 取样部位每侧的墙体宽度不应小于1.5m，且应为墙体长度方向的中部或受力较小处；

序号	检测方法	特　点	用　途	限制条件
1	切制抗压试件法	3. 设备较重，现场取样时有水污染； 4. 取样部位有较大局部破损；需切割、搬运试件； 5. 检测结果不需换算		2. 当宏观检查墙体的砌筑质量差或砂浆强度等级低于 M2.5（含 M2.5）时，不宜选用本方法
2	原位轴压法	1. 属原位检测，直接在墙体上测试，检测结果综合反映了材料质量和施工质量； 2. 直观性、可比性强； 3. 设备较重； 4. 检测部位有较大局部破损	1. 检测普通砖和多孔砖砌体的抗压强度； 2. 火灾、环境侵蚀后的砌体剩余抗压强度	1. 槽间砌体每侧的墙体宽度应不小于 1.5m；测点宜选在墙体长度方向的中部； 2. 限用于 240mm 厚砖墙
3	扁顶法	1. 属原位检测，直接在墙体上测试，检测结果综合反映了材料质量和施工质量； 2. 直观性、可比性较强； 3. 扁顶重复使用率较低； 4. 砌体强度较高或轴向变形较大时，难以测出抗压强度； 5. 设备较轻； 6. 检测部位有较大局部破损	1. 检测普通砖砌体的抗压强度； 2. 测试古建筑和重要建筑的受压工作应力； 3. 检测砌体弹性模量； 4. 火灾、环境侵蚀后的砌体剩余抗压强度	1. 槽间砌体每侧的墙体宽度应不小于 1.5m；测点宜选在墙体长度方向的中部； 2. 不适用于测试墙体破坏荷载大于 400kN 的墙体
4	原位单剪法	1. 属原位检测，直接在墙体上测试，检测结果综合反映了施工质量和砂浆质量； 2. 直观性强； 3. 检测部位有较大局部破损	检测各种砌体的抗剪强度	1. 测点选在窗下墙部位，且承受反作用力的墙体应有足够长度； 2. 测点数量不宜太多
5	筒压法	1. 属取样检测； 2. 仅需利用一般混凝土实验室的常用设备； 3. 取样部位局部损伤	检测烧结普通砖和烧结多孔砖墙体中的砂浆强度	—
6	砂浆回弹法	1. 属原位无损检测，测区选择不受限制； 2. 回弹仪有定型产品，性能较稳定，操作简便； 3. 检测部位的装修面层仅局部损伤	1. 检测烧结普通砖和烧结多孔砖墙体中的砂浆强度； 2. 主要用于砂浆强度均质性检查	1. 不适用于砂浆强度小于 2MPa 的墙体； 2. 水平灰缝表面粗糙且难以磨平时，不得采用
7	贯入法	1. 属原位无损检测，测区选择不受限制； 2. 贯入仪及贯入深度测量表有定型产品，设备较轻便； 3. 墙体装修面层仅局部损伤	检测砌体中砂浆的抗压强度值	1. 要求为自然保护、自然风干状态的砌体砂浆； 2. 砂浆强度为 0.4～16.0 MPa； 3. 龄期为 28d 或 28d 以上
8	烧结砖回弹法	1. 属原位无损检测，测区选择不受限制； 2. 回弹仪有定型产品，性能较稳定，操作简便； 3. 检测部位的装修面层仅局部损伤	检测烧结普通砖和烧结多孔砖墙体中的砖强度	适用范围限于：6MPa～30 MPa

2. 检测依据

《砌体工程现场检测技术标准》GB/T 50315—2011。

《贯入法检测砌筑砂浆抗压强度技术规程》JGJ/T 136—2017。

《建筑结构检测技术标准》GB/T 50344—2004。

《砌体基本力学性能试验方法标准》GB/T 50129-2011。

3. 取样要求

对需要进行砌体各项强度指标检测的建筑物，应根据调查结果和确定的检测目的、内容和范围，选择一种或数种检测方法。对检测工程划分检测单元，并确定测区和测点数。

（1）当检测对象为整栋建筑物或建筑物的一部分时，应将其划分为一个或若干个可以独立进行分析的结构单元，每一结构单元划分为若干个检测单元。

（2）每一检测单元内，应随机选择 6 个构件（单片墙体、柱），作为 6 个测区，当一个检测单元不足 6 个构件时，应将每个构件作为一个测区。对贯入法，每一检测单元抽检数量不应少于砌体总构件数的 30%，且不应少于 6 个构件。

采用原位轴压法、扁顶法、切制抗压试件法检测，当选择 6 个测区确有困难时，可选取不少于 3 个测区测试，但宜结合其他非破损检测方法综合进行强度推定。

（3）每一测区应随机布置若干测点。各种检测方法的测点数，应符合下列要求：切制抗压试件法、原位轴压法、扁顶法、原位单剪法、筒压法测点数不少于 1 个；原位双剪法、推出法测点数不少于 3 个；砂浆片剪切法、砂浆回弹法（回弹法的测位，相当于其他检测方法的测点）、点荷法、砂浆片局压法、烧结砖回弹法测点数不应少于 5 个。

（4）对既有建筑物或应委托方要求仅对建筑物的部分或个别部位检测时，测区和测点数可减少，但一个检测单元的测区数不宜少于 3 个。

4.2 切制抗压试件法检测砌体力学性能

1. 概述

这种检测方法，实质上是利用适当的切割工具，在被测砌体上切割出一个符合进行抗压强度试验的试件，通过对试件进行处理、加工，运送至试验室内进行抗压强度试验，从而得出相应的检测结果。

2. 仪器设备

切割设备采用专业切割机，应符合以下要求：机架应有足够的强度、刚度、稳定性；切割机应操作灵活，并应固定和移动方便；切割机的锯切深度不应小于240mm；切割机上的电动机、导线及其连接的接点应具有良好的防潮性能；切割机需配备水冷却系统。

测试设备应选择适宜吨位的长柱压力试验机，其精度（示值的相对误差）不应大于2%。预估抗压试件的破坏荷载值应为压力试验机额定压力的20%～80%。

3. 取样及样品制备要求

（1）切制抗压试件法测试块体材料为砖和中小型砌块的砌体抗压强度。

（2）测试部位应具代表性，并应符合下列规定：

① 测试部位宜选在墙体中部距楼、地面1m左右的高度处，切割砌体每侧的墙体宽度不应小于1.5m。

② 同一墙体上测点不宜多于1个，且宜选在沿墙体长度的中间部位；多于1个时，切割砌体的水平净距不得小于2.0m。

③ 测试部位不得选在挑梁下、应力集中部位以及墙梁的墙体计算高度范围内。

4. 操作步骤

1）切割试件

在选定的测点上开凿试块，试件的尺寸及切割法应符合以下规定：

（1）对于外形尺寸为240mm×115mm×53mm的普通砖和外形尺寸为240mm×115mm×90mm的多孔砖，其标准砌体抗压试件的截面尺寸 tb（厚度×宽度）应采用240mm×370mm或240mm×490mm。其他外形尺寸砖的标准砌块抗压试件，其截面尺寸可稍作调整，试件高度 H 应按高厚比 $\beta=3\sim5$ 确定。试件厚度和宽度的制作允许误差，应为±5mm。

主规格尺寸为390mm×190mm×190mm的混凝土小型空心砌块的标准砌体抗压试件，其厚度应为砌块厚度，试件宽度宜为主规格砌块长度的1.5～2倍，高度应为5皮砌块加灰缝厚度。

中型砌块的标准砌体抗压试件，其厚度应为砌块厚度，宽度应为主规格砌块的长度，高度应为 3 皮砌块高加灰缝厚度，中间一皮应有竖向灰缝。

（2）用合适的切割工具如手提切割机或专用切割工具，先竖向切割出试件的两竖边，再用电钻清除试件上水平灰缝。清除大部分下水平灰缝，采用适当方式支垫后，清除其余下水平灰缝。

（3）将试件取下，放在带吊钩的钢垫板上。钢垫板及钢压板厚度应不小于 10mm，放置试件前应做厚度为 20mm 的 1：3 水泥砂浆找平层。

（4）操作中应尽量减少对试件的扰动。

（5）将试件顶部采用厚度为 10mm 的 1：3 水泥砂浆找平，放上钢压板，用螺杆将钢垫板与钢压板上紧，并保持水平。将水泥砂浆凝结后运至试验室，准备进行试验。

2）抗压试验

试件抗压试验之前应做以下准备工作：

（1）试件应做外观检查，当有施工缺陷、碰撞或其他损伤痕迹时，应作记录；当试件破损严重时，应舍去该试件。

（2）在试件四个侧面上，应画出竖向中线；当试件为偏心受压时，应画出偏心荷载作用线。

（3）在试件高度的 1/4、1/2 和 3/4 处，分别测量试件的宽度与厚度，测量精度为 1mm，取平均值。试件高度以垫板顶面量至找平层顶面。

（4）将试件吊起，清除粘在垫板下的杂物，然后置于试验机的下压板上。试件就位时，对于轴心抗压试验，应使试件四个侧面的竖向中线对准试验机的上、下压板中线；对于单向偏心抗压试验，应使试件在该偏心方向两个侧面测偏心荷载作用线对准试验机的上、下压板中线。当试验机的上、下压板小于试件截面尺寸时，应加设刚性垫板；当试件承压面与试验机压板的接触不均匀紧密时，还应垫平。

（5）采用分级加荷办法加荷。每级的荷载应为预估破坏荷载值的 10%，并应在 1～1.5min 内均匀加完，恒荷 1～2min 后施加下一级荷载。施加荷载时不得冲击试件。加荷至预估破坏荷载的 50% 后，宜将每级荷载减小至预估破坏荷载的 5%，当试件出现第一条受力裂缝时，记录当前的初裂荷载值，然后将每级荷载恢复到预估破坏荷载的 10%。加荷至预估破坏荷载的 80% 后，可按原定加荷速度（未开裂时，每级荷载取预估破坏荷载的 5%）连续加荷，直至试件破坏。当试件裂缝急剧扩展和增多，试验机的测力指针明显回退时，应定为该试件丧失承载能力而达到破坏状态。其最大的荷载计数即为该试件的破坏荷载值。

（6）试验过程中，应观察与捕捉第一条受力的发丝裂缝，并在试件上绘出裂缝位置、长度。

5. 数据处理

（1）单个标准砌体试件的轴心抗压强度应按式（4-1）计算，其计算结果取值应精确

至 $0.01\mathrm{N/mm^2}$。

$$f_{c,i} = \frac{N_i}{A_i}$$ (4-1)

式中 $f_{c,i}$——第 i 个砌体试件的抗压强度（MPa）；

N_i——第 i 个砌体试件的破坏荷载（N）；

A_i——第 i 个砌体试件的受压面积（$\mathrm{mm^2}$）。

（2）多个标准砌体试件的轴心抗压强度平均值，应按式（4-2）计算：

$$f_{\mathrm{m}} = \frac{1}{n_1}\sum_{i=1}^{n_1} f_{c,i}$$ (4-2)

式中 f_{m}——多个标准砌体试件的轴心抗压强度平均值（MPa）；

n_1——标准砌体试件个数。

6. 强度推定

1）每一检测单元的强度平均值、标准差和变异系数，应分别按式（4-3）、式（4-4）、式（4-5）计算：

$$\mu_{\mathrm{f}} = \frac{1}{n_2}\sum_{j=1}^{n_2} f_i$$ (4-3)

$$s = \sqrt{\frac{\sum\limits_{i=1}^{n_2}(\mu_{\mathrm{f}} - f_i)^2}{n_2 - 1}}$$ (4-4)

$$\delta = \frac{s}{\mu_{\mathrm{f}}}$$ (4-5)

式中 μ_{f}——同一检测单元的强度平均值（MPa），当检测砌体抗压强度时，μ_{f} 即为 f_{m}；

n_2——同一检测单元的测区数；

f_i——测区的强度代表值（MPa），当检测砌体抗压强度时，f_i 即为 $f_{\mathrm{m}i}$；

s——同一检测单元，按 n_2 个测区计算的强度标准差（MPa）；

δ——同一检测单元的强度变异系数。

（2）当需要推定每一检测单元的砌体抗压强度标准值时，应分别按下列要求进行推定：

① 当测区数 n_2 不小于 6 时，按式（4-6）推定：

$$f_{\mathrm{k}} = f_{\mathrm{m}} - k \cdot s$$ (4-6)

式中 f_{k}——砌体抗压强度标准值（MPa），精确至 0.01（MPa）；

f_{m}——同一检测单元的砌体抗压强度平均值（MPa）；

k——与 a、C、n_2 有关的强度标准值计算系数，见表 4-2；

a——确定强度标准值所取的概率分布下分位数，取 0.05；

C——置信水平，取 0.60。

表 4-2 计算系数

n_2	6	7	8	9	10	12	15	18
k	1.947	1.908	1.880	1.858	1.841	1.816	1.790	1.773
n_2	20	25	30	35	40	45	50	—
k	1.764	1.748	1.736	1.728	1.721	1.716	1.712	—

② 当测区数 n_2 小于 6 时，可按式（4-7）推定：

$$f_k = f_{mi,min} \tag{4-7}$$

式中 $f_{mi,min}$——同一检测单元中，测区砌体抗压强度的最小值（MPa）。

③ 当检测结果的变异系数 δ 分别大于 0.2 或 0.25 时，不宜直接按式（4-6）计算每一检测单元的砌体抗压强度，应检查检测结果离散性较大的原因，若查明系混入不同总体的样本所致，宜分别进行统计，并应分别按式（4-6）～式（4-7）确定砌体的抗压强度标准值。如确系变异系数过大，则应按式（4-7）确定砌体的抗压强度标准值。

4.3 原位轴压法检测砌体力学性能

1. 概述

原位轴压法是采用原位压力机，在墙体上进行抗压强度试验，检测砌体抗压强度的方法，简称轴压法。

2. 仪器设备及环境

测试设备：原位轴压仪。

技术指标：原位轴压仪的力值，应每半年校验一次。其主要技术指标见表 4-3。

表 4-3 原位压力机主要技术指标

项目	指标			项目	指标		
	450 型	600 型	800 型		450 型	600 型	800 型
额定压力（kN）	400	500	750	极限行程（mm）	20	20	20
极限压力（kN）	450	600	800	示值相对误差（%）	±3	±3	±3
额定行程（mm）	15	15	15				

原位轴压仪测试工作状况如图 4-1 所示。

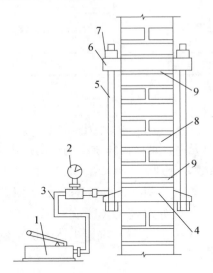

图 4-1　原位轴压仪测试工作状况

1—手动油泵；2—压力表；3—高压油管；4—扁式千斤顶；5—拉杆（共 4 根）；
6—反力板；7—螺母；8—槽间砌体；9—砂垫层

3. 测试部位布置要求

（1）原位轴压法适用于推定 240mm 厚普通砖砌体的抗压强度。

（2）测试部位应具有代表性，并应符合下列规定：

① 测试部位宜选在墙体中部距楼、地面 1m 左右的高度处；槽间砌体每侧的墙体宽度不应小于 1.5m。

② 同一墙体上，测点不宜多于 1 个，且宜选在沿墙体长度的中间部位；多于 1 个时，其水平净距不得小于 2.0m。

③ 测试部位不得选在挑梁下、应力集中部位以及墙梁的墙体计算高度范围内。

4. 操作步骤

（1）在被测砌体上进行试件的制作过程及要求：在选定的测试位置处，开凿水平槽孔时，其尺寸应遵守下列规定：

①上、下水平槽的尺寸应符合表 4-4 的要求。

表 4-4 原位压力机主要技术指标

名称	长度（mm）	厚度（mm）	高度（mm）
上水平槽	250	240	70
下水平槽	250	240	≥110

②上、下水平槽孔应对齐，普通砖砌体，槽间砌体高度应为 7 皮砖；多孔砖砌体，槽间砌体高度应为 5 皮砖。

③开槽时，应避免扰动四周的砌体；槽间砌体的承压面应修平整。

（2）在槽孔间安装原位轴压仪时，应符合下列规定：

①分别在上槽内的下表面和扁式千斤顶的顶面，均匀铺设湿细砂或石膏等材料的垫层，垫层厚度可取 10mm。

②将反力板置于上槽孔，扁式千斤顶置于下槽孔，安放四根钢拉杆，使两个承压板上下对齐后，拧紧螺母并调整其平行度；四根钢拉杆的上下螺母间的净距误差不应大于 2mm。

③先试加荷载，试加荷载值取预估破坏荷载的 10%。检查测试系统的灵活性和可靠性，以及上下压板和砌体受压面接触是否均匀密实。经试加荷载，测试系统正常后卸荷，开始正式测试。

（3）在正式测试时，未加荷以前应首先记录油压表初始读数，然后进行分级加荷。每级荷载可取预估破坏荷载的 10%，并应在 1～1.5min 内均匀加完，然后恒载 2min。加荷至预估破坏荷载的 80% 后，应按原定加荷速度连续加荷，直至槽间砌体破坏。当槽间砌体裂缝急剧扩展和增多，油压表的指针明显回退时，槽间砌体达到极限状态。

（4）试验过程中，如发现上下压板与砌体承压面因接触不良，使槽间砌体呈局部受压或偏心受压状态时，应停止试验。此时应调整试验装置，重新试验，无法调整时应更换测点。

（5）试验过程中，应仔细观察槽间砌体初裂裂缝与裂缝开展情况，记录逐级荷载下的油压表读数、测点位置、裂缝随荷载变化情况简图等。

5. 数据处理

（1）根据槽间砌体初裂和破坏时的油压表读数，分别减去油压表的初始读数，按原位轴压仪的校验结果，计算槽间砌体的初裂荷载值和破坏荷载值。

（2）槽间砌体的抗压强度，应按式（4-8）计算：

$$f_{uij} = \frac{N_{uij}}{A_{ij}}$$

（4-8）

式中 f_{uij} ——第 i 个测区第 j 个测点槽间砌体的抗压强度（MPa）；

N_{uij}——第 i 个测区第 j 个测点槽间砌体的受压破坏荷载值（N）；

A_{ij}——第 i 个测区第 j 个测点槽间砌体的受压面积（mm^2）。

（3）槽间砌体抗压强度换算为标准砌体的抗压强度，应按式（4-9）和式（4-10）计算：

$$f_{mij} = \frac{f_{uij}}{\varepsilon_{1ij}} \tag{4-9}$$

$$\varepsilon_{1ij} = 1.25 + 0.60\sigma_{0ij} \tag{4-10}$$

式中　f_{mij}——第 i 个测区第 j 个测点的标准砌体抗压强度换算值（MPa）；

ε_{1ij}——原位轴压法的无量纲的强度换算系数；

σ_{0ij}——该测点上部墙体的压应力（MPa），其值可按墙体实际所承受的荷载标准值计算。

（4）测区的砌体抗压强度平均值，应按式（4-11）计算：

$$f_{mi} = \frac{1}{n}\sum_{j=1}^{n_1} f_{mij} \tag{4-11}$$

式中　f_{mi}——第 i 个测区的砌体抗压强度平均值（MPa）；

n_1——测区的测点数。

6. 强度推定

同 4.2 "6. 强度推定"的内容。

4.4　扁式液压顶法检测砌体力学性能

1. 概述

扁式液压顶法是采用扁式液压千斤顶在墙体上进行抗压试验，检测普通砖或多孔砖砌体的弹性模量、抗压强度或墙体的受压工作应力的方法，简称扁顶法。扁顶法适用于推定普通砖砌体或多孔砖砌体的受压工作应力、弹性模量和抗压强度。

2. 仪器设备及环境

测试设备主要包括扁式液压千斤顶（扁顶）、手持式应变仪和千分表。

1）扁顶

扁顶的构造和主要技术指标：扁顶是由 1mm 厚的合金钢板焊接而成，总厚度为 5～7mm。对 240mm 厚墙体选用大面尺寸分别为 250mm×250mm 或 250mm×380mm 的扁顶；对 370mm 厚墙体选用大面尺寸分别为 380mm×380mm 或 380mm×500mm 的扁顶。每次使用前，应校验扁顶的力值，并校验结果对原位试验结果进行必要的修正。

扁顶的主要技术指标见表 4-5。

表 4-5　扁顶的主要技术指标

项目	指标	项目	指标
额定压力（kN）	400	极限行程（mm）	15
极限压力（kN）	480	示值相对误差（%）	±3
额定行程（mm）	10		

2）手持式应变仪和千分表

手持式应变仪和千分表的主要技术指标应符合表 4-6 的要求。

表 4-6　手持式应变仪和千分表的主要技术指标项目指标

项目	指标	项目	指标
行程（mm）	1～3	分辨率（mm）	0.001

3. 取样与制备要求

扁顶法工作状况如图 4-2 所示。测试部位布置要求与原位轴压法相同（4.3 "3. 测试部位布置要求"），在此不再赘述。

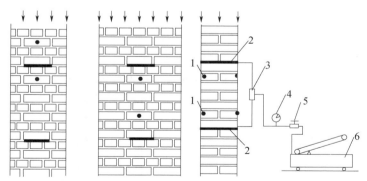

（a）测试受压工作应力　　　（b）测试弹性模量和抗压强度

图 4-2　扁顶法测试装置与变形测点布置

1—变形测量脚标（两对）；2—扁式液压千斤顶；3—三通接头；

4—压力表；5—溢流阀；6—手动油泵

4. 操作步骤

1）受压工作应力

实测墙体的受压工作应力时，应符合下列要求：

（1）在选定的墙体上，标出水平槽的位置并应牢固粘贴两对变形测量的脚标。脚标应位于水平槽正中并跨越该槽；普通砖砌体脚标之间的标距应相隔 4 条水平灰缝，宜取 250mm；多孔砖砌体脚标之间的距离应相隔 3 条水平灰缝，宜取 270～300mm。试验前应记录标距值，精确至 0.1mm。

（2）使用手持应变仪或千分表在脚标上测量砌体变形的初读数，应测量 3 次，并取其平均值。

（3）在标出水平槽位置处，剔除水平灰缝内的砂浆。水平槽的尺寸应略大于扁顶尺寸。开凿时，不应损伤测点部位的墙体及变形测量脚标。槽的四周应清理平整，并应除去灰渣。

（4）使用手持式应变仪或千分表在脚标上测量开槽后的砌体变形值，待读数稳定后方可进行下一步试验工作。

（5）在槽内安装扁顶，扁顶上下两面宜垫尺寸相同的钢垫板，并连接试验油路。

（6）正式测试前，应进行试加荷载试验，试加荷载值可取预估破坏荷载的 10%。检查测试系统的灵活性和可靠性。

（7）正式测试时，应分级加荷。每级荷载应为预估破坏荷载值的 5%，并应在 1.5～2min 内均匀加完，恒载 2min 后测读变形值。当变形值接近开槽前的读数时，应适当减小加荷级差，直至实测变形值达到开槽前的读数，然后卸荷。

2）抗压强度或弹性模量

实测墙内砌体抗压强度或弹性模量时，应符合下列要求：

（1）在完成墙体的受压工作应力测试后，开凿第二条水平槽，上下槽应互相平行、对齐。当选用 250mm×250 mm 扁顶时，普通砖砌体两槽之间应相隔 7 皮砖；多孔砖砌体两槽之间距离应相隔 5 皮砖。当选用 250mm×380 mm 的扁顶时，普通砖砌体两槽之间应相隔 8 皮砖；多孔砖砌体两槽之间距离应相隔 6 皮砖。遇有灰缝不规则或砂浆强度较高而难以凿槽的情况，可以在槽孔处取出 1 皮砖，安装扁顶时应采用钢制楔形垫块调整其间隙。

（2）在槽内安装扁顶，扁顶上下两面宜垫尺寸相同的钢垫板，并连接试验油路。

（3）正式测试前，应进行试加荷载试验，试加荷载值可取预估破坏荷载的 10%。检查测试系统的灵活性和可靠性。

（4）正式测试时，记录油压表初始读数，然后分级加荷。每级荷载可取预估破坏荷载的 10%，并应在 1～1.5min 内均匀加完，然后恒载 2min。加荷至预估破坏荷载的 80%后，应按原定加荷速度连续加荷，直至槽间砌体破坏。

（5）当槽间砌体上部压应力小于 0.2MPa 时，应加设反力平衡架后再进行试验。当槽间砌体上部压力不小于 0.2MPa 时，也宜加设反力平衡架后再进行测试。反力平衡架可由 2 块反力板和 4 根钢拉杆组成。

3）受压弹性模量

当测试砌体受压弹性模量时，应符合下列要求：

（1）应在槽间砌体两侧各粘贴一对变形测量的脚标，脚标应位于槽间砌体的中部。普通砖砌体脚标之间的标距应相隔 4 条水平灰缝，宜取 250mm；多孔砖砌体脚标之间的距离应相隔 3 条水平灰缝，宜取 270～300mm。试验前应记录标距值，精确至 0.1mm。

（2）正式测试前，应反复施加 10% 的预估破坏荷载，其次数不宜少于 3 次。

（3）正式测试时，记录油压表初始读数，然后分级加荷。每级荷载可取预估破坏荷载的 10%，并应在 1～1.5min 内均匀加完，然后恒载 2min。加荷至预估破坏荷载的 80% 后，应按原定加荷速度连续加荷，直至槽间砌体破坏。试验时应同时测记逐级荷载下的变形值。

（4）累计加荷的应力上限不宜大于槽间砌体极限抗压强度的 50%。

4）试验记录

试验记录内容应包括描绘测点布置图、墙体砌筑方式、扁顶位置、脚标位置、轴向变形值、逐级荷载下的油压表读数、裂缝随荷载变化情况简图等。

5. 数据处理

（1）根据扁顶的校验结果，应将油压表读数换算为试验荷载值。

（2）根据试验结果，应按现行国家标准《砌体基本力学性能试验方法标准》GB/T 50129—2011 的方法，计算砌体在有侧向约束情况下的弹性模量；当换算为标准砌体的受压弹性模量时，计算结果应乘以换算系数 0.85。墙体的受压工作应力，等于实测变形值达到开凿前的读数时所对应的应力值。

（3）槽间砌体的抗压强度，应按式（4-8）计算。

（4）槽间砌体抗压强度换算为标准砌体的抗压强度，应按式（4-9）和式（4-10）计算。

（5）测区的砌体抗压强度平均值，应按式（4-11）计算。

6. 强度推定

同 4.2 "6. 强度推定"的内容。

4.5　原位砌体通缝单剪法检测砌体力学性能

1. 概述

原位砌体通缝单剪法是指在墙体上沿单个水平灰缝进行抗剪试验，检测砌体抗剪强度的方法，简称原位单剪法。

2. 仪器设备及环境

测试设备：螺旋千斤顶或卧式液压千斤顶、荷载传感器和数字荷载表等。

技术指标：试件的预估破坏荷载值应在千斤顶、传感器最大测量值的 20%~80% 之间；检测前应标定荷载传感器及数字荷载表，其示值相对误差不应大于 2%。

3. 取样与制备要求

原位砌体通缝单剪法适用于推定砖砌体沿通缝截面的抗剪强度。试件具体尺寸应符合图 4-3 中的规定。测试部位宜选在窗洞口或其他洞口下 3 皮砖范围内，试件的加工过程中，应避免扰动被测灰缝。

4. 操作步骤

（1）在选定的墙体上，应采用振动较小的工具加工切口，现浇钢筋混凝土传力件（图 4-4)的混凝土强度等级不应低于 C15。

（2）测量被测灰缝的受剪面尺寸，应精确至 1mm。

（3）安装千斤顶及测试仪表，千斤顶的加力轴线与被测灰缝顶面应对齐。

（4）加荷时应匀速施加水平荷载，并控制试件在 2~5min 内破坏。当试件沿受剪面滑动、千斤顶开始卸荷时，即判定试件达到破坏状态，记录破坏荷载值，结束试验。试验完成后，其砌体的破坏位置，在预定剪切面（灰缝）上，此次试验有效，否则，应另行进行试验。

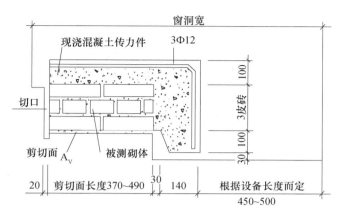

图 4-3　原位单剪法试件大样

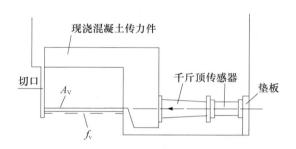

图 4-4　原位单剪法测试装置安装示意图

（5）加荷试验结束后，应翻转已破坏的试件，检查剪切面破坏特征及砌体砌筑质量，并详细记录。

5. 数据处理

根据测试仪表的校验结果，进行荷载换算，精确至 10N。

砌体的沿通缝截面抗剪强度按式（4-12）计算：

$$f_{vij} = \frac{N_{vij}}{A_{vij}} \tag{4-12}$$

式中　f_{vij}——第 i 个测区第 j 个测点的砌体沿通缝截面抗剪强度（MPa）；

　　N_{vij}——第 i 个测区第 j 个测点的抗剪破坏荷载（N）；

　　A_{vij}——第 i 个测区第 j 个测点的受剪面积（mm²）。

测区的砌体沿通缝截面抗剪强度平均值，应按式（4-13）计算：

$$f_{vi} = \frac{1}{n_1} \sum_{j=1}^{n_1} f_{vij} \tag{4-13}$$

式中　f_{vi}——第 i 个测区的砌体沿通缝截面抗剪强度平均值（MPa）。

6. 强度推定

（1）每一检测单元的强度平均值、标准差和变异系数，应分别按式（4-14）、式（4-15）、式（4-16）计算：

$$f_{v,m} = \frac{1}{n_2} \sum_{j=1}^{n_2} f_{vi} \tag{4-14}$$

$$s = \sqrt{\frac{\sum_{i=1}^{n_2}(f_{v,m} - f_{vi})^2}{n_2 - 1}} \tag{4-15}$$

$$\delta = \frac{s}{f_{v,m}} \tag{4-16}$$

式中　$f_{v,m}$——同一检测单元的强度平均值（MPa）；

　　　n_2——同一检测单元的测区数；

　　　f_{vi}——测区的强度代表值（MPa）；

　　　s——同一检测单元，按 n_2 个测区计算的强度标准差（MPa）；

　　　δ——同一检测单元的强度变异系数。

（2）当需要推定每一检测单元的砌体沿通缝截面的抗剪强度标准值时，应分别按下列要求进行推定：

① 当测区数 n_2 不小于 6 时，按式（4-17）推定：

$$f_{v,k} = f_{v,m} - k \cdot s \tag{4-17}$$

式中　$f_{v,k}$——砌体抗剪强度标准值（MPa），精确至 0.01MPa；

　　　$f_{v,m}$——同一检测单元的砌体沿通缝截面的抗剪强度平均值（MPa）；

　　　k——与 a、C、n_2 有关的强度标准值计算系数，见表 4-2；

　　　a——确定强度标准值所取的概率分布下分位数，取 0.05；

　　　C——置信水平，取 0.60。

② 当测区数 n_2 小于 6 时，可按式（4-18）推定：

$$f_{v,k} = f_{vi,min} \tag{4-18}$$

式中　$f_{vi,min}$——同一检测单元中，测区砌体抗剪强度的最小值（MPa）。

③ 当检测结果的变异系数 δ 分别大于 0.2 或 0.25 时，不宜直接式（4-17）计算每一检测单元的砌体抗剪强度，应检查检测结果离散性较大的原因，若查明系混入不同总体的样本所致，宜分别进行统计，并应分别按式（4-17）～式（4-18）确定砌体抗剪强度标准值。如确系变异系数过大，则应按式（4-18）确定砌体抗剪强度标准值。

4.6　筒压法检测砌筑砂浆强度

1. 概述

筒压法是将取样砂浆破碎、烘干并筛分成符合一定级配要求的颗粒，装入承压筒并施加筒压荷载后，检测其破损程度（用筒压比表示），以此来推定其抗压强度的方法。筒压法适用于推定烧结普通砖墙中的砌筑砂浆强度；不适用于推定遭受火灾、化学侵蚀等砌筑砂浆的强度。

2. 仪器设备

1）试验设备

筒压法试验设备主要包括承压筒、压力试验机或万能试验机、摇筛机、干燥箱、标准砂石筛、水泥跳桌、托盘天平。筒压法的承压筒构造如图 4-5 所示。

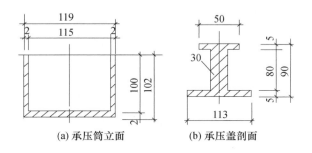

(a) 承压筒立面　　(b) 承压盖剖面

图 4-5　承压筒构造

2）技术指标

压力试验机或万能试验机 50～100kN。

标准砂石筛（包括筛盖和底盘）的孔径为 5mm、10mm、15mm（或边长 4.75mm、9.5mm、16mm）。托盘天平的称量为 1000g、感量为 0.1g。

3. 取样与制备要求

筒压法所测试的砂浆品种及其强度范围，应符合下列要求：

（1）砂浆品种应包括中、细砂配制的水泥砂浆，特细砂配制的水泥砂浆，中、细砂配制的水泥石灰混合砂浆，中、细砂配制的水泥粉煤灰砂浆（以下简称粉煤灰砂浆），石灰质石粉砂与中、细砂混合配制的水泥石灰混合砂浆和水泥砂浆（以下简称石粉砂浆）。

（2）砂浆强度范围应为 2.5～20.0MPa。

4. 操作步骤

（1）在每一测区，从距墙表面 20mm 以里的水平灰缝中凿取砂浆约 4000g，砂浆片（块）的最小厚度不得小于 5mm。各个测区的砂浆样品应分别放置并编号，不得混淆。

（2）使用手锤击碎样品，筛取 5～15mm 的砂浆颗粒约 3000g，在（105±5）℃的温度下烘干至恒重，冷却至室温后备用。

（3）每次取烘干样品约 1000g，置于孔径 5mm、10mm、15mm（或边长 4.75mm、9.5mm、16mm）标准筛所组成的套筛中，机械摇筛 2min 或手工摇筛 1.5min。称取粒级 5～10mm（4.75～9.5mm）和 10～15mm（9.5～16mm）的砂浆颗粒各 250g，混合均匀后作为一个试样，共制备三个试样。

（4）每个试样应分两次装入承压筒。每次约装 1/2，在水泥跳桌上跳振 5 次。第二次装料并跳振后，整平表面，安上承压盖。如无水泥跳桌，可按照砂、石紧密体积密度的试验方法颠击密实。

（5）将装料的承压筒置于试验机上时，应再次检查承压筒内的砂浆试样表面是否平整，稍有不平时，应整平；盖上承压盖，开动压力试验机，并按 0.5～1.0kN/s 加荷速度或 20～40s 内均匀加荷至规定的筒压荷载值后，立即卸荷。不同品种砂浆的筒压荷载值分别为：水泥砂浆、石粉砂浆为 20kN，特细砂水泥砂浆为 10N，水泥石灰混合砂浆、粉煤灰砂浆为 10kN。

（6）将施压后的试样倒入由孔径为 5（4.75）mm 和 10（9.5）mm 标准筛组成的套筛中，装入摇筛机摇筛 2min 或人工摇筛 1.5min，筛至每隔 5s 的筛出量基本相等。

（7）称量各筛筛余试样的重量（精确至 0.1g），各筛的分计筛余量和底盘剩余量的总和，与筛分前的试样重量相比，相对差值不得超过试样重量的 0.5%；当超过时，应重新进行试验。

5. 数据处理

（1）标准试样的筒压比按式（4-19）计算：

$$T_{ij} = \frac{t_1 + t_2}{t_1 + t_2 + t_3} \qquad (4\text{-}19)$$

式中　　T_{ij}——第 i 个测区中第 j 个试样的筒压比，以小数计；

t_1、t_2、t_3——分别为孔径为 5（4.75）mm、10（9.5）mm 筛的分计筛余量和底盘中剩余量。

（2）测区的砂浆筒压比按式（4-20）计算：

$$T_i = \frac{1}{3}(T_{i1} + T_{i2} + T_{i3}) \qquad (4\text{-}20)$$

式中　　T_i——第 i 个测区的砂浆筒压比平均值，以小数计，精确至 0.01；

T_{i1}、T_{i2}、T_{i3}——分别为第 i 个测区 3 个标准砂浆试样的筒压比。

（3）根据砂浆种类，测区的砂浆强度平均值分别按式（4-21）～式（4-25）计算：

水泥砂浆：
$$f_{2i} = 34.58 T_i^{2.06} \qquad (4\text{-}21)$$

特细砂水泥砂浆：
$$f_{2i} = 21.36 T_i^{3.07} \qquad (4\text{-}22)$$

水泥石灰混合砂浆：
$$f_{2i} = 6.10 T_i + 11.0 T_i^2 \qquad (4\text{-}23)$$

粉煤灰砂浆：
$$f_{2i} = 2.52 - 9.40 T_i + 32.80 T_i^2 \qquad (4\text{-}24)$$

石粉砂浆：
$$f_{2i} = 2.70 - 13.90 T_i + 44.90 T_i^2 \qquad (4\text{-}25)$$

6. 强度推定

（1）每一检测单元的强度平均值、标准差和变异系数，应分别按式（4-26）、式（4-27）、式（4-28）计算：

$$f_{2,\mathrm{m}} = \frac{1}{n_2} \sum_{j=1}^{n_2} f_{2i} \qquad (4\text{-}26)$$

$$s = \sqrt{\frac{\sum_{i=1}^{n_2}(f_{2,\mathrm{m}} - f_{2i})^2}{n_2 - 1}} \qquad (4\text{-}27)$$

$$\delta = \frac{s}{f_{2,m}} \qquad (4\text{-}28)$$

式中　　$f_{2,\mathrm{m}}$——同一检测单元的强度平均值（MPa）；

n_2——同一检测单元的测区数；

f_{2i}——测区的强度代表值（MPa）；

s——同一检测单元，按 n_2 个测区计算的强度标准差（MPa）；

δ——同一检测单元的强度变异系数。

（2）对于按《砌体工程施工质量验收规范》GB 50203—2011 的有关规定修建的在建或新建砌体工程，当需推定砌筑砂浆抗压强度值时，应符合下列要求：

① 当测区数 n_2 不少于 6 时，应取式（4-29）及式（4-30）中的较小值：

$$f_2' = 0.91 f_{2,m} \tag{4-29}$$

$$f_2' = 1.18 f_{2,min} \tag{4-30}$$

式中　f_2'——砌筑砂浆抗压强度推定值（MPa），精确至 0.1MPa；

$f_{2,m}$——同一检测单元，按测区统计的砂浆抗压强度平均值（MPa）；

$f_{2,min}$——同一检测单元，测区砂浆抗压强度的最小值（MPa）。

② 当测区数 n_2 小于 6 时，按式（4-31）计算：

$$f_2' = f_{2,min} \tag{4-31}$$

（3）对于按国家标准《砌体工程施工质量验收规范》GB 50203—2002 及之前实施的砌体工程施工质量验收规范的有关规定修建的既有砌体工程，当需推定砌筑砂浆抗压强度值时，应符合下列要求：

① 当测区数 n_2 不少于 6 时，应取式（4-32）及式（4-33）中的较小值：

$$f_2' = f_{2,m} \tag{4-32}$$

$$f_2' = 1.33 f_{2,min} \tag{4-33}$$

② 当测区数 n_2 小于 6 时，按式（4-31）计算。

（4）当砌筑砂浆强度检测结果小于 2.0MPa 或大于 15MPa 时，不宜给出具体检测值，仅给出检测值范围 $f_2 < 2.0$MPa 或 $f_2 > 15$MPa。

4.7　回弹法检测砌筑砂浆强度

1. 概述

回弹法是采用砂浆回弹仪检测砌体中砂浆的表面硬度，根据回弹值和碳化深度推定其强度的方法。该方法适用于推定烧结普通砖或烧结多孔砖砌体中的砌筑砂浆强度；不适用于推定高温、长期浸水、遭受火灾、环境侵蚀等情况下的砂浆抗压强度。

2. 仪器设备及环境

1）仪器设备

回弹法检测砌筑砂浆强度的测试设备主要包括砂浆回弹仪（图 4-6）与碳化深度测量尺。

图 4-6 砂浆回弹仪

2）技术指标

砂浆回弹仪应每半年校验一次，在工程检测前后，均应对回弹仪在钢砧上进行率定测试，砂浆回弹仪的主要技术性能指标见表 4-7。

表 4-7 砂浆回弹仪的主要技术性能指标

项目	指标	项目	指标
标称动能（J）	0.196	弹击杆端部球面半径（mm）	25
指针滑块的静摩擦力（N）	0.5±0.1	钢砧率定值（R）	74±2

3. 测点布置

测位宜选在承重墙的可测面上，并避开门窗洞口及预埋件等附近的墙体。墙面上每个测位的面积宜大于 $0.3m^2$。

4. 操作步骤

（1）将测位处的粉刷层、勾缝砂浆、污物等清除干净。

（2）仔细将弹击点处的砂浆表面打磨平整，并除去浮灰。

（3）磨掉表面砂浆，磨掉深度应为 5～10mm，且不应小于 5mm。

（4）每个测位内均匀布置 12 个弹击点。选定弹击点应避开砖的边缘、气孔或松动的砂浆。相邻两弹击点的间距不应小于 20mm。

（5）在每个弹击点上，使用回弹仪连续弹击 3 次，第 1、2 次不读数，仅记读第 3 次回弹值，回弹值读数估读至 1。测试过程中，回弹仪应始终处于水平状态，其轴线应垂直于砂浆表面，且不得移位。

（6）在每个测位内，选择 1～3 处灰缝，采用工具在测区表面打凿出直径约 10mm 的孔洞，其深度应大于砌筑砂浆的碳化深度，清除孔洞中的粉末和碎屑，且不得用水擦洗，然后用浓度 1%～2% 的酚酞酒精溶液滴在孔洞内壁边缘处，当已碳化与未碳化界限清晰时，采用碳化深度测定仪或游标卡尺测量砂浆碳化深度，读数宜精确至 0.25mm。

5. 数据处理

1）回弹平均值与碳化深度平均值

从每个测位的 12 个回弹值中，分别剔除最大值、最小值，将余下的 10 个回弹值计算算术平均值，以 R 表示，并精确至 0.1。每个测位的平均碳化深度，应取该测位各次测量值的算术平均值，以 d 表示，精确至 0.5mm。

2）测位砂浆强度换算值

第 i 个测区的第 j 个测位的砂浆强度换算值，应根据该测位的平均回弹值和平均碳化深度值，分别按式（4-34）、式（4-35）、式（4-36）计算：

$d \leqslant 1.0$mm 时：

$$f_{2ij} = 13.97 \times 10^{-5} R^{3.57} \tag{4-34}$$

1.0mm $< d < 3.0$mm 时：

$$f_{2ij} = 4.85 \times 10^{-4} R^{3.04} \tag{4-35}$$

$d \geqslant 3.0$mm 时：

$$f_{2ij} = 6.34 \times 10^{-5} R^{3.60} \tag{4-36}$$

式中　f_{2ij}——第 i 个测区第 j 个测位的砂浆强度值（MPa）；

$\quad\quad d$——第 i 个测区第 j 个测位的平均碳化深度（mm）；

$\quad\quad R$——第 i 个测区第 j 个测位的平均回弹值。

3）测区的砂浆抗压强度平均值

测区的砂浆抗压强度平均值应按式（4-37）计算：

$$f_{2i} = \frac{1}{n_1} \sum_{j=1}^{n_1} f_{2ij} \tag{4-37}$$

6. 强度推定

同 4.6 "6. 强度推定"的内容。

7. 例题

某新建幼儿园为三层砖混结构，一层墙体采用 MU10 承重多孔黏土砖、M10 混合砂浆砌筑，二层及以上墙体采用 MU10 承重多孔黏土砖、M7.5 混合砂浆砌筑。根据要求对二层的一片墙体采用回弹法检测砂浆强度，算出该片墙体的砂浆强度。首先凿除墙体粉刷层，得到的回弹测试数据见表 4-8。

表 4-8　回弹法检测砂浆抗压强度测试数据

构件	测位	回弹值												碳化深度（mm）		
		1	2	3	4	5	6	7	8	9	10	11	12	1	2	3
二层墙体 1-2×A	1	24	25	31	27	26	23	21	28	25	22	29	28	1.50	2.00	1.50
	2	28	21	24	27	23	29	23	27	26	21	27	24	2.00	2.00	1.50
	3	23	22	25	25	23	25	25	24	29	23	31	32	2.00	1.00	2.00
	4	24	25	27	25	26	25	32	12	26	28	27	25	2.00	2.50	2.00
	5	23	27	25	29	28	26	27	27	23	24	25	27	2.50	3.00	3.00

（1）对每个测位的 12 个回弹值，分别剔除最大值、最小值，将余下的 10 个回弹值计算算术平均值 R，并计算各测位的碳化深度 d，计算结果见表 4-9。

表 4-9　测试数据处理

构件	测位	回弹值													碳化深度（mm）			
		1	2	3	4	5	6	7	8	9	10	11	12	R	1	2	3	d
二层墙体 1-2×A	1	24	25	~~31~~	27	26	23	~~21~~	28	25	22	29	28	25.7	1.50	2.00	1.50	1.5
	2	28	~~21~~	24	27	23	~~29~~	23	27	26	21	27	24	25.0	2.00	2.00	1.50	2.0
	3	23	~~22~~	25	25	23	25	25	24	29	23	31	~~32~~	25.3	2.00	1.00	2.00	1.5
	4	24	25	27	25	26	25	~~32~~	~~12~~	26	28	27	25	25.8	2.00	2.50	2.00	2.0
	5	~~23~~	27	25	~~29~~	28	26	27	27	23	24	25	27	25.9	2.50	3.00	3.00	2.5

（2）根据每个测位的回弹平均值和平均碳化深度，按 4.7 中式（4-34）、式（4-35）、式（4-36）计算该测区相应测位的砂浆抗压强度换算值 f_{2ij}，并计算该检测单元的砌筑砂浆抗压强度 f_{2i}。计算结果汇总见表 4-10。

表 4-10　回弹法检测砂浆抗压强度计算结果

构件	测位	平均回弹值 R	平均碳化深度 d（mm）	抗压强度换算值 f_{2i1}（MPa）	测区抗压强度 f_{2i3}（MPa）
二层 墙体 1-2×A	5	25.7	1.5	9.4	9.2
	5	25.0	2.0	8.6	
	5	25.3	1.5	8.9	
	5	25.8	2.0	9.5	
	5	25.9	2.5	9.6	

（3）结果判定：

该墙体砌筑砂浆强度等级符合设计要求。

4.8　贯入法检测砂浆强度

1. 概述

贯入法采用压缩工作弹簧加荷，把一测钉贯入砂浆中，由测钉的贯入深度通过深度和砂浆抗压强度间的关系（测强曲线）来换算砂浆抗压强度的方法。贯入法适用于检测自然养护、龄期不少于 28d、自然风干状态、强度为 0.4～16.0MPa 的砌筑砂浆以及符合以上条件且以水泥为主要胶凝材料的水泥抹灰砂浆。

2. 仪器设备及环境

1）仪器设备

贯入法测试设备主要包括贯入仪和贯入深度测量表，如图 4-7 所示。

图 4-7　砂浆贯入仪及贯入深度测量表

2）技术指标

贯入仪、贯入深度测量表应每年至少校准一次。

贯入仪应满足的条件：贯入力为（800±8）N、工作行程为（20±0.10）mm。贯入深度测量表应满足的条件：最大量程不小于 20.00mm、分度值为 0.01mm。测钉长度为 40.00～40.10mm，直径为（3.5±0.05）mm，尖端锥度为 45°±0.5°。测钉量规的量规槽长度为 39.50～39.60mm。

新设备购入后，检测单位需要对测钉和测钉量规的几何尺寸进行测量核查。以 100 根测钉为一批次，随机抽取 3 根进行测量，不足 100 根按一个批次计。抽取的样品测定都合格时，认为该批测钉合格。否则应逐根核查，选取合格的测钉使用。

贯入仪在闲置和保存时，工作弹簧应处于自由状态。

3）环境要求

贯入仪使用时的环境温度应为 −4～40℃。

3. 取样与制备要求

1）砌筑砂浆

检测砌筑砂浆抗压强度时，以面积不大于 25m² 的砌体为一个构件。按批抽样检测时，取龄期相近的同楼层、同来源、同种类和同强度等级的砌筑砂浆且不大于 250m³ 砌体作为一批。基础构件可按一个楼层计。每一检验批抽检数量不得少于砌体总构件数的 30%，且不得少于 6 个构件。

被检测灰缝应饱满，其厚度不应小于 7mm，并应避开竖缝位置、门窗洞口、后砌洞口和预埋件的边缘。检测加气混凝土砌块砌体时，灰缝厚度应大于测定直径。多孔砖砌体和空斗墙砌体的水平灰缝深度不得小于 30mm。每一构件应测试 16 点。测点应均匀分布在构件的水平灰缝上，相邻测点水平间距不宜小于 240mm，每条灰缝测点不宜多于 2 点。

检测范围内的饰面层、粉刷层、勾缝砂浆、浮浆以及表面损伤层等要清除干净；要使待测灰缝砂浆暴露并经打磨平整后再进行检测。

2）水泥抹灰砂浆

按批抽样检测时，检验批的组成应符合以下规定：

（1）相同砂浆品种、强度等级、施工工艺的室外抹灰工程，将龄期相近的每 1000m² 抹灰面积划分为一个检验批，不足 1000m² 抹灰面积也要划分为一个检验批。

（2）相同砂浆品种、强度等级、施工工艺的室内抹灰工程，将龄期相近的每 50 个自然间划分为一个检验批，大面积房间和走廊抹灰面积 30m² 为一间，不足 50 间也要划分为一个检验批。

每个检验批的检测数量应符合以下规定：

① 室外每 100m² 抹灰面积至少检测一次。

② 室内至少抽检 10% 自然间，并不得少于 3 间，不足 3 间时全数检测，每间检测一次。

每次检测随机布置 16 个测点。测点需避开空鼓、冲筋和灰饼位置。检测时，贯入深度不得大于抹灰层厚度。

4. 操作步骤

（1）试验前先清除测钉上附着的水泥灰渣等杂物，同时用测钉量规检验测钉的长度；如测钉能够通过测钉量规槽时，应重新选用新的测钉。

（2）将测钉插入贯入杆的测钉座中，测钉尖端朝外，固定好测钉；用摇柄旋紧螺母，直至挂钩挂上为止，然后将螺母退至贯入杆顶端；将贯入仪扁头对准灰缝中间，并垂直贴在被测砌体灰缝砂浆的表面，握住贯入仪把手，扳动扳机，将测钉贯入被测砂浆中。当测点处的灰缝砂浆存在空洞或测孔周围砂浆不完整时，该测点应作废，另选测点补测。

（3）贯入深度的测量应按下列程序操作：

① 开启贯入深度测量表，置于钢制平整量块上，直至扁头端面和量块表面重合，使贯入深度测量表的读数为零。

② 将测钉拔出，用吹风器将测孔中的粉尘吹干净。

③ 将贯入深度测量表扁头对准灰缝，同时将测头插入测孔中，并保持测量表垂直于被测砌体灰缝砂浆的表面，从测量表中直接读取显示值 d_i 并记录。

（4）直接读数不方便时，可用锁紧螺钉锁定测头（数字式贯入深度测量表可以按一下"保持"键），然后取下贯入深度测量表读数。

（5）当砌体的灰缝经打磨仍难以达到平整时，可在测点处标记，贯入检测前，用贯入深度测量表测读测点处的砂浆表面不平整度读数 d_i^0，然后再在测点处进行贯入检测，读取 d_i'，则贯入深度按式（4-38）计算：

$$d_i' = d_i - d_i^0 \tag{4-38}$$

式中　d_i——第 i 个测点贯入深度值（mm），精确至 0.01mm；

　　　d_i^0——第 i 个测点贯入深度测量表的不平整度读数（mm），精确至 0.01mm；

　　　d_i'——第 i 个测点贯入深度测量表读数（mm），精确至 0.01mm。

5. 数据处理

（1）检测数值中，剔除 16 个贯入深度值中的 3 个最大值和 3 个最小值，余下的 10 个贯入深度值取平均值作为构件的贯入深度代表值，见式（4-39）。

$$m_{d_j}=\frac{1}{10}\sum_{i=1}^{10}d_i \tag{4-39}$$

式中　m_{d_j}——第 j 个构件的砂浆贯入深度代表值（mm），精确至 0.01mm。

（2）根据计算所得的构件贯入深度代表值，按不同的砂浆品种由《贯入法检测砌筑砂浆抗压强度技术规程》JGJ/T 136—2017 附录 D（砌筑砂浆）及附录 F（水泥抹灰砂浆）查得其砂浆抗压强度换算值。

6. 强度推定

（1）按批抽检时，同批构件砂浆应按式（4-40）～式（4-42）计算该批砂浆强度的平均值、标准差及变异系数。

$$m_{f_2^c}=\frac{1}{n}\sum_{j=1}^{n}f_{2,j}^c \tag{4-40}$$

$$s_{f_2^c}=\sqrt{\frac{\sum\limits_{j=1}^{n}(m_{f_2^c}-f_{2,j}^c)^2}{n-1}} \tag{4-41}$$

$$\eta_{f_2^c}=s_{f_2^c}/m_{f_2^c} \tag{4-42}$$

式中　$m_{f_2^c}$——同批构件砂浆抗压强度换算值的平均值（MPa），精确至 0.1MPa；

　　　$f_{2,j}^c$——第 j 个构件的砂浆抗压强度换算值（MPa），精确至 0.1MPa；

　　　$s_{f_2^c}$——同批构件砂浆抗压强度换算值的标准差（MPa），精确至 0.01MPa；

　　　$\eta_{f_2^c}$——同批构件砂浆抗压强度换算值的变异系数，精确至 0.01。

（2）砌筑砂浆的抗压强度推定值 $f_{2,e}^c$。

① 当按单个构件检测时，该构件的砌筑砂浆抗压强度推定值按式（4-43）计算：

$$f_{2,e}^c=0.91f_{2,j}^c \tag{4-43}$$

式中　$f_{2,e}^c$——砂浆抗压强度推定值（MPa），精确至 0.1MPa。

② 当按批抽检时，应按式（4-44）～式（4-46）计算砂浆抗压强度推定值。

$$f_{2,e}^c=\min(f_{2,e1}^c,\ f_{2,e2}^c) \tag{4-44}$$

$$f_{2,e1}^c=0.91m_{f_2^c} \tag{4-45}$$

$$f_{2,e2}^c=1.18f_{2,\min}^c \tag{4-46}$$

式中　$f_{2,e1}^c$——砂浆抗压强度推定值之一（MPa），精确至 0.1MPa；

　　　$f_{2,e2}^c$——砂浆抗压强度推定值之二（MPa），精确至 0.1MPa；

　　　$f_{2,\min}^c$——同批构件中砂浆抗压强度换算值的最小值（MPa），精确至 0.1MPa。

③对于按批抽检的砌体，当该批构件砌筑砂浆抗压强度换算值变异系数不小于 0.30 时，则该批构件应全部按单个构件检测。

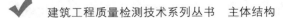

（3）水泥抹灰砂浆的抗压强度推定值 $f_{2,e}^c$。

① 当按单个构件检测时，该构件的砌筑砂浆抗压强度推定值按式（4-47）计算：

$$f_{2,e}^c = f_{2,j}^c \tag{4-47}$$

② 当按批抽检时，应按式（4-44）、式（4-48）～式（4-49）计算砂浆抗压强度推定值。

$$f_{2,e1}^c = m_{f_2}^c \tag{4-48}$$

$$f_{2,e2}^c = 1.33 f_{2,min}^c \tag{4-49}$$

7. 例题

某住宅楼为三层砖混结构，±0 以上墙体采用 MU10 承重多孔黏土砖，M7.5 现场拌制水泥混合砂浆砌筑。根据要求，对±0 以上，3.2m 以下墙体作为一个检测单元。在该检测单元抽取 6 片墙体，凿除墙体粉刷层，用贯入法对其进行砌筑砂浆抗压强度等级推定，测试数据见表 4-11。

表 4-11　贯入法检测砂浆抗压强度测试数据

检测部位	构件	测点贯入深度值 d_i（mm）															
		1	2	3	4	5	6	7	8	9	10	11	12	13	14	15	16
一层墙体	1	3.44	3.57	3.61	3.41	3.67	3.60	3.52	3.58	3.66	3.57	3.63	3.75	3.47	3.53	3.49	3.86
	2	3.61	3.63	3.45	3.94	3.76	3.64	3.60	3.58	3.87	3.71	3.73	3.62	3.59	3.47	3.51	3.54
	3	3.59	3.63	3.78	3.74	3.67	3.43	3.40	3.57	3.86	3.63	3.73	3.62	3.58	3.63	3.51	3.56
	4	3.63	3.75	3.50	3.57	3.74	3.56	3.75	3.67	3.55	3.97	3.66	3.73	3.57	3.56	3.64	3.57
	5	3.66	3.57	3.49	3.48	3.75	3.87	3.66	3.57	3.61	3.70	3.66	3.63	3.60	3.79	3.57	3.94
	6	3.86	3.96	3.49	3.67	3.77	3.79	3.86	3.57	3.64	3.58	3.50	3.54	3.63	3.80	3.48	3.61

（1）对每个构件的 16 个贯入深度值，分别剔除 3 个最大值和 3 个最小值，将剩余的 10 个贯入深度值取平均值得到构件贯入深度代表值 m_{d_j}，见表 4-12。

表 4-12　贯入法检测砂浆抗压强度测试数据

构件	测点贯入深度值 d_i（mm）																m_{d_j}（mm）
	1	2	3	4	5	6	7	8	9	10	11	12	13	14	15	16	
1	~~3.44~~	3.57	3.61	~~3.41~~	~~3.67~~	3.60	3.52	3.58	3.66	3.57	3.63	~~3.75~~	3.47	3.53	~~3.49~~	~~3.86~~	3.57
2	3.61	3.63	~~3.45~~	~~3.94~~	~~3.76~~	3.64	3.60	3.58	~~3.87~~	3.71	3.73	3.62	3.59	~~3.47~~	~~3.51~~	3.54	3.63
3	3.59	3.63	~~3.78~~	~~3.74~~	3.67	~~3.43~~	~~3.40~~	3.57	~~3.86~~	3.63	3.73	3.62	3.58	3.63	~~3.51~~	3.56	3.62
4	3.63	~~3.75~~	~~3.50~~	3.57	3.74	3.56	~~3.75~~	~~3.55~~	~~3.97~~	3.66	3.73	3.57	~~3.56~~	3.64	3.57		3.63
5	3.66	~~3.57~~	3.49	~~3.48~~	3.75	~~3.87~~	3.66	3.57	3.61	3.70	3.66	3.63	3.60	~~3.79~~	3.57	~~3.94~~	3.64
6	~~3.86~~	~~3.96~~	~~3.49~~	3.67	3.77	3.79	~~3.86~~	3.57	3.64	3.58	~~3.50~~	3.54	3.63	3.80	~~3.48~~	3.61	3.66

（2）根据每个构件的贯入深度代表值，由《贯入法检测砌筑砂浆抗压强度技术规程》JGJ/T 136—2017 附录 D 查得砂浆抗压强度换算值 $f_{2,j}^c$，计算结果汇总见表 4-13。

表 4-13　贯入法检测砂浆抗压强度换算值汇总表

检测部位	构件	贯入深度平均值 m_{d_j}（mm）	抗压强度换算值 $f_{2,j}^c$（MPa）
一层墙体	1	3.57	10.2
	2	3.63	9.8
	3	3.62	9.9
	4	3.63	9.8
	5	3.64	9.8
	6	3.66	9.6

（3）该检测单元的砌筑砂浆抗压强度等级推定。

根据公式（4-40）～式（4-42）计算批砂浆强度的平均值、标准差及变异系数，可得：

平均值 $m_{f_2^c}=9.8$MPa；标准差 $s_{f_2^c}=0.18$MPa；变异系数 $\eta_{f_2^c}=0.02$。

由式（4-44）～式（4-46）可得：

抗压强度推定值 $f_{2,e}^c=\min\left(f_{2,e1}^c,\ f_{2,e2}^c\right)=\min\left(0.91m_{f_2}^c,\ 1.18f_{2,\min}^c\right)=\min\left(0.91\times9.8,\ 1.18\times9.6\right)=\min\left(8.9,\ 11.3\right)=8.9$（MPa）。

变异系数为 0.02＜0.30，可按检验批进行评定。

（4）结果判定：

该检测单元砌筑砂浆强度等级符合设计要求。

4.9　回弹法检测砖强度

1. 仪器设备及环境

1）测试设备

主要设备为 HT75 型砖回弹仪，其技术指标如下：

（1）其弹击动能为 0.735J。

（2）弹击锤与弹击杆碰撞瞬间，弹击拉簧处于自由状态，此时弹击锤相当于刻度尺的"0"点起跳。

（3）指针滑块与指针导杆间的摩擦力应为（0.5±0.1）N。

（4）弹击杆前端球面曲率半径应为（25±1.0）mm。

（5）在洛氏硬度 HRC>53 的钢砧上，其率定值应为 74±2。

HT75 型砖回弹仪应每半年校验一次，在工程检测前后，均应对回弹仪在钢砧上做率定试验。

2）检测环境要求

用回弹法检测砖强度，其回弹仪使用时的环境温度应为－4～40℃。

2. 依据标准

《砌体工程现场检测技术标准》GB/T 50315—2011。

《建筑结构检测技术标准》GB/T 50344—2004。

《回弹仪评定烧结普通砖强度等级方法》JC/T 796—2013。

3. 检测方法与要求

1）抽样要求

每个检测单元中应随机选择 10 个测区。每个测区的面积不宜小于 1.0m²，应在其中随机选择 10 块条面向外的砖作为 10 个测位供回弹测试。选择的砖与砖墙边缘的距离应大于 250mm。

2）测试要求

（1）被检测砖应为外观质量合格的完整砖。砖的条面应干燥、清洁、平整，不应有饰面层、粉刷层，必要时可用砂轮清除表面的杂物，并磨平测面，同时用毛刷刷去灰尘。

（2）每块砖的测面上应均匀布置 5 个弹击点，选定弹击点应避开砖表面的缺陷。相邻两弹击点的间距不应小于 20mm，弹击点距砖边缘不应小于 20mm，每一弹击点应只能弹击一次，回弹值读数应估读至 1。测试过程中，回弹仪应始终处于水平状态，其轴线应垂直于砖表面，且不得移位。

4. 数据处理

（1）单个测位的回弹值 R，应取 5 个弹击点回弹值的平均值。

（2）第 i 测区第 j 测位（单块砖）的抗压强度换算值，可按式（4-50）或式（4-51）计算：

烧结普通砖：

$$f_{1ij} = 2 \times 10^{-2} R^2 - 0.45R + 1.25 \tag{4-50}$$

烧结多孔砖：

$$f_{1ij} = 1.70 \times 10^{-3} R^{2.48}$$ (4-51)

式中　f_{1ij}——第 i 测区第 j 个测位的抗压强度换算值（MPa），精确至 0.1MPa；

　　　　R——第 i 块砖回弹测试平均值，可精确至 0.1。

回弹法检测烧结普通砖的抗压强度宜配合取样检验的验证。

5. 强度推定

对于既有砌体工程，采用回弹法推定检测烧结砖抗压强度时，每一检测单元的砖抗压强度等级应符合下列要求：

（1）每一检测单元的强度平均值 $f_{1,m}$、标准差 s 和变异系数 δ，应分别按式（4-52）、式（4-53）、式（4-54）计算：

$$f_{1,m} = \frac{1}{n_2} \sum_{j=1}^{n_2} f_{1i}$$ (4-52)

$$s = \sqrt{\frac{\sum_{i=1}^{n_2}(f_{1,m} - f_{1i})^2}{n_2 - 1}}$$ (4-53)

$$\delta = \frac{s}{f_{1,m}}$$ (4-54)

式中　$f_{1,m}$——同一检测单元的强度平均值（MPa）；

　　　　n_2——同一检测单元的测区数；

　　　　f_{1i}——测区的强度代表值（MPa）；

　　　　s——同一检测单元，按 n_2 个测区计算的强度标准差（MPa）；

　　　　δ——同一检测单元的强度变异系数。

（2）当变异系数 $\delta \leqslant 0.21$ 时，应按表 4-14、表 4-15 中抗压强度平均值 $f_{1,m}$、抗压强度标准值 f_{1k} 推定每一检测单元的砖抗压强度等级。每一检测单元的砖抗压强度标准值，应按式（4-55）计算：

$$f_{1k} = f_{1,m} - 1.8s$$ (4-55)

式中　f_{1k}——同一检测单元的砖抗压强度标准值（MPa），精确至 0.1MPa。

表 4-14　烧结普通砖抗压强度等级的推定

抗压强度推定等级	抗压强度平均值 $f_{1,m} \geqslant$ （MPa）	变异系数 $\delta \leqslant 0.21$	变异系数 $\delta > 0.21$
		抗压强度标准值 $f_{1k} \geqslant$ （MPa）	抗压强度的最小值 $f_{1,min} \geqslant$ （MPa）
MU25	25.0	18.0	22.0
MU20	20.0	14.0	16.0

抗压强度推定等级	抗压强度平均值 $f_{1,m} \geqslant$（MPa）	变异系数 $\delta \leqslant 0.21$	变异系数 $\delta > 0.21$
		抗压强度标准值 $f_{1k} \geqslant$（MPa）	抗压强度的最小值 $f_{1,min} \geqslant$（MPa）
MU15	15.0	10.0	12.0
MU10	10.0	6.5	7.5
MU7.5	7.5	5.0	5.5

表 4-15　烧结多孔砖抗压强度等级的推定

抗压强度推定等级	抗压强度平均值 $f_{1,m} \geqslant$（MPa）	变异系数 $\delta \leqslant 0.21$	变异系数 $\delta > 0.21$
		抗压强度标准值 $f_{1k} \geqslant$（MPa）	抗压强度的最小值 $f_{1,min} \geqslant$（MPa）
MU30	30.0	22.0	25.0
MU25	25.0	18.0	22.0
MU20	20.0	14.0	16.0
MU15	15.0	10.0	12.0
MU10	10.0	6.5	7.5

（3）当变异系数 $\delta > 0.21$ 时，按表 4-14、表 4-15 中抗压强度平均值 $f_{1,m}$、以测区为单位统计的抗压强度最小值 $f_{1,min}$ 推定每一测区的砖抗压强度等级。

第 5 章　构件其他性能

5.1　钢筋间距和保护层厚度

混凝土构件钢筋保护层厚度是指混凝土表面与钢筋表面间的最小距离。为保证钢筋混凝土构件中钢筋握裹质量，充分发挥构件的承载能力，同时保证混凝土构件内部钢筋不受到外界不良介质的影响而发生锈蚀，保证工程的耐久性，我国的技术规范中对各类构件的保护层厚度均提出了明确的要求，同时对于构件钢筋间距和保护层厚度的检测，也是我们日常检测工作的一项主要内容。

对于构件钢筋间距和保护层厚度的现场检测，要结合被测构件的受力特性、测试条件综合确定检测的具体部位和检测构件的数量。在实施现场检测前，要注意查看工程的技术资料，受检测方法的限制，对于含有铁磁性原材料的混凝土构件的检测，检测结果应用多种方法进行验证。

1. 基本规定

结构实体钢筋保护层厚度检验构件的选取应均匀分布，并应符合下列规定：

（1）对非悬挑梁板类构件，应各抽取构件数量的 2% 且不少于 5 个构件进行检验。

（2）对悬挑梁，应抽取构件数量的 5% 且不少于 10 个构件进行检验；当悬挑梁数量少于 10 个时，应全数检验。

（3）对悬挑板，应抽取构件数量的 10% 且不少于 20 个构件进行检验；当悬挑板数量少于 20 个时，应全数检验。

（4）对选定的梁类构件，应对全部纵向受力钢筋的保护层厚度进行检验；对选定的板类构件，应抽取不少于 6 根纵向受力钢筋的保护层厚度进行检验。对每根钢筋，应选择有代表性的不同部位量测 3 点取平均值。

（5）对悬挑梁、板构件，测受拉钢筋的保护层时应清除混凝土表面的杂物，并用磨石将表面浮浆等不平整处打磨平整。

2. 检测依据

《混凝土结构工程施工质量验收规范》GB 50204—2015。
《混凝土中钢筋检测技术规程》JGJ/T 152—2008。

3. 检前的准备工作

1）仪器设备

应根据所测钢筋的规格、深度以及间距选择适当的仪器，并按仪器说明书进行操作。采用电池供电的仪器，检测中应确保电源充足，对于既可采用电池供电，也可采用外接电源供电的仪器，应该在两种供电情况下分别对仪器进行校准。仪器在检测前应进行预热或调零，调零时探头必须远离金属物体。

2）技术资料

（1）工程名称及建设、设计、施工、监理单位名称。

（2）结构或构件名称以及相应的钢筋设计图纸资料。

（3）混凝土是否采用带有铁磁性的原材料配置。

（4）检测部位钢筋品种、牌号、设计规格、设计保护层厚度、结构构件中是否有预留管道、金属预埋件等。

（5）必要的施工记录等相关资料。

（6）检测原因。

3）检测部位（面）的选择及处理

在现场进行检测前，应根据设计资料，确定检测区域钢筋的可能分布状况，并选择适当的检测面。检测面宜为混凝土表面，应清洁、平整，并避开金属预埋件。对于具有饰面层的构件，其饰面层应清洁、平整，并与基体混凝土结合良好。饰面层主体材料以及夹层均不得含有金属。对于含有金属材质的饰面层，应进行清除。对于厚度超过50mm的饰面层，宜清除后进行检测，或者钻孔验证。不得在架空的饰面层上进行检测。

4. 检测方法

常见的检验钢筋混凝土保护层的测试方法，有非破损法（电磁感应法、雷达仪检测法）和局部破损检测法；也可采用非破损的方法并用局部破损方法进行修正。当混凝土构件的原材料中含有铁磁性物质时，《混凝土中钢筋检测技术规程》JGJ/T 152—2008 中明确规定不适用，即上述方法不适用此情况。

1）电磁感应法检测技术

（1）基本原理。

在电流的作用下，检测仪器内由单个或多个线圈组成的探头产生电磁场，当钢筋或其他金属物体位于该电磁场时，金属所产生的干扰导致磁力线发生变形、电磁场强度的分布改变，这种变化，通过探头（传感器）探测到并重新转变为电流信号，根据电流的变化情况来确定被测钢筋所处的位置即钢筋保护层厚度的测量。另外，如果对所检测的钢筋尺寸和材料进行适当的标定，该方法也可用于检测钢筋的直径（一般测试结果需进行验证）。

（2）仪器设备。

电磁感应法检测仪器主要为钢筋探测仪，按其构造可分为分体式与一体式，如图 5-1及图 5-2 所示。

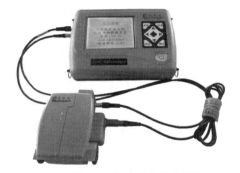

图 5-1　分体式钢筋探测仪

图 5-2　一体式钢筋探测仪

（3）试验步骤。

① 设备调零：仪器在检测前应进行预热或调零，调零时探头必须远离金属物体。在检测过程中，应经常检查仪器是否偏离初始状态并及时进行调零。

② 检测时应先对被测钢筋进行初步定位。将探头有规律地在检测面上移动，直至仪器显示接受信号最强或保护层厚度值最小时，结合设计资料判断钢筋位置，此时探头中心线与钢筋轴线基本重合，在相应位置做好标记。按上述步骤将相邻的其他钢筋逐一标出。

③ 设定好仪器量程范围及钢筋直径，沿被测钢筋轴线选择相邻钢筋影响较小的位置，并应避开钢筋接头，读取指示保护层厚度值。每根钢筋的同一位置重复检测 2 次，每次读取 1 个读数。

④ 对同一处读取的 2 个保护层厚度值相差大于 1mm 时，应检查仪器是否偏离标准状态并及时调整（如重新调零）。不论仪器是否调整，其前次检测数据均舍弃，在该处重新进行 2 次检测并再次比较，如 2 个保护层厚度值相差仍大于 1mm，则应该更换检测仪器或采用钻孔、剔凿的方法核实。

⑤ 当实际保护层厚度值小于仪器最小示值时，可以采用附加垫块的方法进行检测。宜优先选用仪器所附的垫块，自制垫块对仪器不应产生电磁干扰，表面光滑平整，其各方向厚度值偏差不大于 0.1mm。所加垫块厚度 C_0 在计算时应予以扣除。

⑥ 检测钢筋间距时，应将连续相邻的被测钢筋一一标出，不得遗漏，并不宜少于 7 根钢筋，然后量测第一根钢筋和最后一根钢筋的轴线距离，并计算其间隔数。

（4）测试要求。

① 当钢筋混凝土保护层厚度与钢筋直径比值小于 2.5 且混凝土保护层厚度小于 50mm 时，测试误差不应大于 ±1mm。

② 当遇到下列情况之一时，应选取至少 30% 的已测钢筋且不应小于 6 处（当实际检测数量不到 6 处时应全部抽取），采用钻孔、剔凿等方法验证：仪器要求钢筋直径已知方能确定保护层厚度，而钢筋实际直径未知或有异议；钢筋实际根数、位置与设计有较大偏差；构件饰面层未清除的情况下检测钢筋保护层厚度；钢筋以及混凝土材质与校准试件有显著差异。

③ 钻孔、剔凿的时候不得损坏钢筋，实测采用游标卡尺，量测精度为 0.1mm。

2）雷达法检测技术

（1）基本原理。

由雷达天线发射电磁波，从与混凝土中电学性质不同的物质如钢筋等的界面反射回来，并再次由混凝土表面的天线接收，根据接收到的电磁波来检测反射体（钢筋）的情况。

（2）仪器设备。

雷达波检测仪，如图 5-3 所示。

图 5-3　手持式雷达波检测仪

（3）检测方法及步骤。

① 检测前应根据检测结构构件所采用的混凝土，对雷达仪进行介电常数的校准。

② 根据被测结构或构件中钢筋的排列方向，雷达仪探头或天线垂直于被测钢筋轴线方向扫描，仪器采集并记录下被测部位的反射信号，经过适当处理后，仪器可显示被测部位的断面图像，根据显示的钢筋反射波位置可推算钢筋深度和间距。

（4）测试要求。

① 钢筋保护层厚度的检测误差不应大于 ±1mm；钢筋间距的测试偏差不应大于 ±3mm。

② 检测钢筋间距时，被测钢筋根数不宜少于 7 根（6 个间隔）。

③ 遇到下列情况之一时，应选取至少 30% 的钢筋且不少于 6 处（当实际检测数量不到 6 处时应全部抽取），采用钻孔、剔凿等方法验证：钢筋实际根数、位置与设计有较大偏差或无资料可参考时；混凝土含水率较高，或者混凝土材质与校准试件差别较大；饰面层电磁性能与混凝土有较大差异；钢筋以及混凝土材质与校准试件有显著差异。

3）局部破损法检测技术

（1）测试方法。

局部破损法是指在结构实体有代表性的部位局部开槽钻孔测定，结果准确，同时由于钢筋已裸露在外，因此也可精确测量其规格和直径。此方法，现场操作比较麻烦，同时对被测构件的表面有所损伤，因此在实施检测前须经委托方的同意，检测完后对构件表面应及时修补。

（2）仪器设备。

小型手电钻或凿子、榔头、游标卡尺等。

（3）试验步骤。

在需要检测部位，用工具进行微破坏（开槽或钻孔），直至看到所检钢筋，用游标卡尺测量钢筋表面距构件表面的距离，精确到 0.1mm。

5. 结果判定

1）检测数据处理

（1）按式（5-1）计算钢筋的混凝土保护层厚度平均值：

$$C_{m,i} = (C_1^t + C_2^t + 2C_c - 2C^0)/2 \tag{5-1}$$

式中　$C_{m,i}$——第 i 测点混凝土保护层厚度平均值（mm），精确至 1mm；

　C_1^t、C_2^t——第 1、2 次检测的指示保护层厚度值（mm），精确至 1mm；

　　C_c——混凝土保护层厚度修正值（mm），为同一规格钢筋的混凝土保护层厚度实测验证值减去检测值，精确至 0.1mm；

　　C^0——探头垫块厚度（mm），精确至 0.1mm。

（2）当采用钻孔剔凿方法验证时，应该按式（5-2）确定修正系数：

$$\eta = \frac{1}{n}\sum_{i=1}^{n} C_i / C_{m,i}^t \tag{5-2}$$

式中　η——修正系数，精确至 0.01；

C_i——第 i 测点钢筋的实际保护层厚度值（mm），精确至 0.5mm。

然后将该修正系数乘以指示保护层厚度平均值，得出混凝土保护层厚度值。

（3）检测钢筋间距时，可根据实际需要，采用绘图方式给出结果，可分析被测钢筋的最大间距、最小间距，并按式（5-3）计算钢筋平均间距 S：

$$S = \frac{l}{n} \tag{5-3}$$

式中 S——钢筋平均间距，精确至 1mm；

l——n 个钢筋间距的总长度，精确至 1mm。

2）检测结果判定

（1）钢筋保护层厚度检验时，纵向受力钢筋保护层厚度的允许偏差，对梁类构件为 +10mm，−7mm；对板类构件为 +8mm，−5mm。

（2）现行《混凝土结构设计规范（2015 年版）》GB 50010—2010 对普通钢筋及预应力钢筋的混凝土保护层厚度规定如下：

① 构件中受力钢筋（包括主筋和箍筋）的保护层厚度不应小于钢筋的公称直径 d。

② 设计使用年限为 50 年的混凝土结构，最外层钢筋的保护层厚度应符合表 5-1 的规定；设计使用年限 100 年的混凝土结构，最外层钢筋的保护层厚度不应小于表 5-1 中数值的 1.4 倍。

表 5-1 纵向受力钢筋的混凝土保护层最小厚度（mm）

环境与条件	板、墙、壳		梁、柱、杆	
	≤C25	>C25	≤C25	>C25
室内正常环境	20	15	25	20
室内潮湿或露天环境	—	20	—	30
基础（工程要求做垫层）	40			

注：如图纸另有要求，以图纸设计要求作为判定依据。

最外层钢筋通常是箍筋、构造筋或分布筋，因此纵向受力钢筋的保护层厚度应为最外层钢筋的保护层厚度加上最外层钢筋的公称直径。

（3）结构实体钢筋保护层厚度验收合格应符合下列规定：

① 当全部钢筋保护层厚度检验的合格点率为 90% 及以上时，钢筋保护层厚度的检验结果应判为合格。

② 当全部钢筋保护层厚度检验的合格点率小于 90% 但不小于 80%，可再抽取相同数量的构件进行检验；当按两次抽样总和计算的合格点率为 90% 及以上时，钢筋保护层厚度的检验结果仍应判为合格。

③ 每次抽样检验结果中不合格点的最大偏差均不应大于（对梁类构件为 +10mm，−7mm；对板类构件为 +8mm，−5mm）规定允许偏差的 1.5 倍。

5.2　实体位置与尺寸偏差

1. 概述

实际工程中，构件的位置和尺寸十分重要。构件的位置关系到荷载的传递，其偏差过大会影响整体的受力情况，降低建筑整体的安全储备。混凝土构件的几何尺寸直接关系到混凝土构件的承载能力以及应力在混凝土构件中的传递，从而间接决定了整个结构的安全性。负偏差过大会导致构件受力面积过小而削弱构件测承载力，正偏差过大除造成不必要的原材料耗费外还会额外增加永久荷载，对建筑的整体受力产生不利影响。因此，为确保混凝土构件乃至混凝土结构的安全性与功能性要求，需要对构件位置及尺寸偏差进行检测。

2. 检测依据

《混凝土结构工程施工质量验收规范》GB 50204—2015。
《混凝土结构现场检测技术标准》GB/T 50784—2013。

3. 仪器设备及检测环境

1）仪器设备

构件位置及尺寸偏差检测所用设备均为常规设备，主要包括经纬仪、水准仪、钢卷尺、楼板测厚仪等，所使用的检测仪器应经过计量检定。各设备使用要求如下：

（1）经纬仪：由望远镜、水平度盘、竖直度盘、水准器、基座等组成（图 5-4）。测量时，将经纬仪安置在三脚架上，用垂球或光学对点器将仪器中心对准地面测站点上，用水准器将仪器定平，用望远镜瞄准测量目标，用水平度盘和竖直度盘测定水平角和竖直角。

（2）水准仪：主要由目镜、物镜、水准管（观测水平）、制动螺旋（固定方向）、微动螺旋（小幅度转动视角）和三脚架（固定）等组成，如图 5-5 所示。水准仪使用时按照安置仪器、粗略整平、瞄准水准尺、精平和读数等步骤操作。

图 5-4　经纬仪

图 5-5　水准仪

（3）楼板测厚仪：由主机、发射探头、接收探头、信号传输电缆组成，并配备对讲机和加长杆，如图 5-6 所示。检测时，布置好测点后用信号传输电缆连接主机和接收探头，然后打开发射探头电源开关，举起探头置于楼板底面预先布置的测点上，并使发射探头顶面紧贴楼板底面。将接收探头紧贴楼板顶面，左右慢慢移动接收探头，使屏幕上厚度值逐渐减小，直到找到最小值的位置，则该位置正好位于发射探头正上方，此时主机显示的厚度值即为该测点的楼板厚度。

图 5-6　楼板测厚仪

2）环境条件

检测时环境温度宜在 0～40℃之间。

4. 基本要求

检测批量构件截面尺寸及其偏差时，可将同一楼层、结构缝或施工段中设计截面尺寸相同的同类构件划为同一检验批。检测批量构件位置时，可将同一楼层、结构缝或施工段中的同类构件划为同一检验批。检测对象按随机抽样的方式在检验批中选取确定，受检构件应均匀分布，并应符合下列要求：

（1）梁、柱应抽取构件数量的 1%，且不应少于 3 个构件。

（2）墙、板应按有代表性的自然间抽取 1%，且不应少于 3 间。

（3）层高应按有代表性的自然间抽查 1‰，且不应少于 3 间。

检测构件尺寸偏差时，应采取措施消除构件表面抹灰层、装修层等造成的影响。

5. 检测方法与试验操作步骤

混凝土构件的几何尺寸检测可采用非破损或局部破损的方法，也可采用非破损方法并用局部破损方法进行校准。

（1）在检测混凝土构件尺寸时，同一个构件的同一个检测项目应选择不同部位重复测试 3 次，取其平均值作为该构件的测试结果。当最大值与最小值的差值大于 10mm 时，则需要对该构件的测试结果作相应的说明。对于等截面和截面尺寸均匀变化的变截面构件，应分别在构件的中部和两端量取截面尺寸；对于其他变截面构件，应选取构件端部、截面突变的位置量取截面尺寸。各检测项目对应检测方法应符合表 5-2 规定。

（2）检测构件测截面尺寸后再将每个测点的几何尺寸实测值与设计图纸规定的尺寸进行比较，计算出每个测点的尺寸偏差值。当需要对单个构件的尺寸偏差作合格判定时，应以设计图纸规定的尺寸为基准，尺寸偏差的允许值应符合表 5-3 规定，精确至 1mm。

（3）混凝土结构实体位置检测时，可根据构件的实际位置标出其轴线，然后通过仪器对所标出的轴线定位，并与设计图纸进行比较。混凝土结构实体位置的偏差允许值应符合表 5-3 规定，精确至 1mm。

表 5-2　结构实体位置与尺寸偏差检验项目及检验方法

项目	检验方法
柱截面尺寸	选取柱的一边量测柱中部、下部及其他部位，取 3 点平均值
柱垂直度	沿两个方向分别测量，取较大值
墙厚	墙身中部量测 3 点，取平均值；测点间距不应小于 1m
梁高	量测一侧边跨中及两个距离支座 0.1m 处，取 3 点平均值；量测值可取腹板高度加上此处楼板的实测厚度
板厚	悬挑板取距离支座 0.1m 处，沿宽度方向取包括中心位置在内的随机 3 点取平均值；其他楼板，在同一对角线上量测中间及距离两端各 0.1m 处，取 3 点平均值
层高	与板厚测点相同，量测板顶至上层楼板板底净高，层高量测值为净高与板厚之和，取 3 点平均值

表 5-3　结构实体位置与尺寸偏差检验方法及允许偏差

项目		允许偏差（mm）	检验方法
现浇结构轴线位置	柱、墙、梁	8	经纬仪及尺量
装配式结构轴线位置	竖向构件（柱、墙板、桁架）	8	经纬仪及尺量
	水平构件（梁、楼板）	5	经纬仪及尺量

项目			允许偏差（mm）	检验方法
现浇结构截面尺寸	柱、梁、板、墙		+10，−5	尺量
预制构件长度	楼板、梁、柱、桁架	＜12m	±5	尺量
		≥12m 且＜18m	±10	
		≥18m	±20	
	墙板		±4	
预制构件宽度、高（厚）度	楼板、梁、柱、桁架		±5	尺量一端及中部，取其中偏差绝对值较大处
	墙板		±4	
现浇结构柱、墙垂直度	层高≤6m		10	经纬仪或吊线、尺量
	层高＞6m		12	经纬仪或吊线、尺量
装配式结构柱、墙垂直度	安装后高度≤6m		5	经纬仪或吊线、尺量
	安装后高度＞6m		10	经纬仪或吊线、尺量
现浇结构层高			±10	水准仪或拉线、尺量

6. 数据处理与结果判定

1）工程质量检测

工程质量检测时，结构实体位置与尺寸偏差项目应分别进行验收，并应符合下列规定：

（1）当检验项目的合格率为 80％及以上时，可判为合格。

（2）当检验项目的合格率小于 80％但不小于 70％时，可再抽取相同数量的构件进行检验；当按两次抽样总和计算的合格率为 80％及以上时，仍可判为合格。

2）结构性能检测

结构性能检测时，通常采用计数抽样方法对检验批进行符合性判定，可根据检测项目的重要性按 1.5 中表 1-2 或表 1-3 确定。当检验批判定为符合且受检构件的尺寸偏差最大值不大于偏差允许值 1.5 倍时，可将设计的截面尺寸作为该批构件截面尺寸的推定值；当检验批判定为不符合或检验批判定为符合但受检构件的尺寸偏差最大值大于允许值 1.5 倍时，全数检测或重新划分检验批进行检测；当不具备全数检测或重新划分检验批检测条件时，以最不利检测值作为该批构件尺寸的推定值。

第6章　后置埋件力学性能

后置埋件技术具有施工简单、使用灵活等特点，其既可用于既有建筑的加固改造工程也可用于新建建筑物的构件增设工程。近几年来，许多既有建筑需要进行加固，或是因被赋予了新的功能而需要进行改造，或是原建筑物有增层需要，使得该项技术在此类工程中得到十分广泛的应用。但是，由于后置埋件本身的受力状态复杂，破坏类型较多，失效概率较大，其作用性能的安全可靠一直是工程界广大技术人员最为关心的核心问题。所以，从后置埋件的受力原理出发，对其施工质量和工作能力进行检测和评估是很有必要的。

6.1　工作原理及分类

1. 工作原理

后置埋件工作的可靠性主要取决于两个方面：一是锚固件本身的质量，二是后埋置技术。后置埋件作用原理可以分为机械锁定嵌固结合（凸形结合）、摩擦结合和材料结合。凸形结合时，荷载通过锚栓与锚固基础间的机构啮合来传递。此类结合的钻孔须专门与锚栓匹配的钻头进行拓孔，锚栓在拓孔部分与锚固基础形成凸形结合，通过啮合将荷载传给锚固基底。此类锚栓在混凝土结构中具有良好的抗震、抗冲击性能，可以在混凝土受拉区中使用。膨胀式锚栓的作用原理属摩擦结合，膨胀片张开后，使锚栓与孔壁间产生摩阻力。膨胀力可由两种途径产生：扭矩控制和位移控制。扭矩控制是用力矩扳手达到规定的安装扭矩后，膨胀片张开。位移控制是把扩充锥体敲击入膨胀套管内，达到规定的打入行程后，膨胀片张开。材料结合通过胶合体将荷载传给锚固基础，如当今应用很广泛的植筋技术。

2. 后置埋件分类

后置埋件锚固的方法很多，可以分为两大类：植筋锚固和使用锚栓锚固。

1）锚栓的分类

锚栓可分为机械锚栓和粘结型锚栓；按受力锚栓的个数可分为单锚、双锚以及群锚。

锚栓按工作原理以及构造的不同可分为：膨胀型锚栓（按照形成膨胀力来源分为扭矩控制式和位移控制式）、扩孔型锚栓（按照扩孔方式可分为自扩孔和预扩孔）、化学植筋以及长螺杆等。

（1）膨胀型锚栓：利用膨胀件挤压锚孔孔壁形成锚固作用的锚栓。

（2）扩孔型锚栓：通过锚孔底部扩孔与锚栓膨胀件之间的销键形成锚固作用的锚栓。

2）化学植筋

以化学胶粘剂——锚固胶，将带肋钢筋及长螺杆等胶结固定于混凝土基材锚孔中的一种后锚固生根钢筋。

6.2　检测基本规定

1. 基本规定

在混凝土后锚固工程中，为确定建筑锚栓在承载能力极限状态和正常使用极限状态下的抗拔和抗剪性能，保证建筑锚栓的施工质量和相关建筑物的安全使用，必须进行建筑锚栓抗拔力和抗剪性能的现场抽样检测。

锚栓抗拔承载力现场检验可分为非破坏性检验和破坏性检验。对于一般结构及非结构构件，可采用非破坏性检验；对于重要结构构件及生命线工程非结构构件应采用破坏性检验，但必须注意做破坏性试验时应选择修补容易、受力较小的次要部位。

2. 检测依据及标准选用

1）检测依据

《混凝土结构后锚固技术规程》JGJ 145—2013。

《混凝土结构工程无机材料后锚固技术规程》JGJ/T 271—2012。

《建筑结构加固工程施工质量验收规范》GB 50550—2010。

《混凝土结构加固设计规范》GB 50367—2013。

《混凝土结构设计规范（2015 年版）》GB 50010—2010。

《混凝土用膨胀型、扩孔型建筑锚栓》JG 160—2004。

《砌体结构工程施工质量验收规范》GB 50203—2011。

2）标准选用

对于混凝土结构中的后锚固工程，当植入材料并非光圆钢筋或植入部位无螺纹的螺杆时，其锚固承载力检验通常可参考《混凝土结构后锚固技术规程》JGJ 145—2013。对承重结构加固工程的锚固质量检验，应按《建筑结构加固工程施工质量验收规范》GB 50550—2010 的相关规定执行。用于填充墙体与承重构件连接钢筋锚固质量检验应参考《砌体结构工程施工质量验收规范》GB 50203—2011。

3. 试验装置

现场检验用试验装置主要包括测力系统（通常为拉拔仪）、位移测量系统（百分表或电子荷载位移测量仪）、加载架（支撑环）和电脑等，还包括检测和记录设备。

（1）测力系统应符合以下要求：

① 设备的加荷能力应比预计的检验荷载值至少大 20％，且不大于检验荷载的 2.5 倍，应能连续、平稳、速度可控地运行。

② 加载设备应能够按照规定的速度加载，测力系统整机误差不应超过全量程的 ±2％。

③ 设备的液压加荷系统持荷时间不超过 5min 时，其降荷值不应大于 5％。

④ 试验装置应有足够大的刚度，试验中不应变形。抗拔试验时，应保持施加的荷载与建筑锚栓轴线或与群锚合力线重合；抗剪试验时，应保持施加的荷载与建筑锚栓轴线垂直。

⑤ 仪器、设备安装位置应不影响位移测试，并位于试件变形和破坏影响范围以外区域。

⑥ 测力系统应具有峰值保持功能。

（2）当后锚固设计中对锚栓或化学植筋的位移有规定时需对位移进行测量。对于位移的测量应满足下列要求：

① 仪表的量程不应小于 50mm，其测量的允许误差应为 ±0.02mm。

② 测量位移装置应能与测力系统同步工作，连续记录，测出锚固件相对于混凝土表面的垂直位移，并绘制荷载-位移的全程曲线。

③ 位移基准点应位于锚栓破坏影响范围以外。抗拔试验时，至少应对称于建筑锚栓

轴线，布设两个位移基准点；抗剪试验时，位移基准点应布设于沿剪切荷载的作用方向。

④ 测量方法有两种：连续测量和分阶段测量。位移测量记录仪宜能连续记录。当不能连续记录荷载位移曲线时，可分阶段记录，在到达荷载峰值前，记录点应在 12 点以上。

（3）加载架的支撑间距过小会导致破坏形态发生变化，限制混凝土锥体破坏直径，并有可能导致出现锚栓受拉破坏，使测量结果变大。因此，试验时加载设备的支撑间距应符合下列规定：

① 《混凝土结构后锚固技术规程》JGJ 145—2013 附录 C 规定加荷设备支撑环内径 D_0 应满足下述要求：

化学植筋、发生混合破坏及钢材破坏的化学锚栓：D_0 不小于 max（12d，250mm）。

膨胀型锚栓、扩孔型锚栓、发生混凝土锥体破坏的化学锚栓：D_0 不小于 4h_{ef}。

② 《建筑结构加固工程施工质量验收规范》GB 50550—2010 附录 W 规定：设备的支撑点与植筋之间的净间距，不应小于 3d（d 为植筋或锚栓的直径），且不应小于 60mm；设备的支撑点与锚栓的净间距不应小于 1.5h_{ef}（h_{ef} 为有效埋深）。

③ 《混凝土结构工程无机材料后锚固技术规程》JGJ/T 271—2012 附录 A 规定：加荷设备支撑环内径 D_0 不应小于 max（7d，150mm）。

（4）位移测量基准点应位于加载架外侧区域，且与加载架支撑点的间距应不小于 10cm。

4. 抽样要求及数量

1）现场检测所选用的建筑锚栓或植筋宜符合的规定

（1）施工质量有疑问的建筑锚栓或植筋。

（2）设计方认为重要的建筑锚栓或植筋。

（3）局部混凝土浇筑质量有异常的建筑锚栓或植筋。

（4）受检的建筑锚栓或植筋可采用随机抽样方法取样。随机取样方法很多，有一次随机取样法、二次随机取样法、机械随机取样法。对于破坏性试验取样应满足《混凝土结构后锚固技术规程》JGJ 145—2013 中 C.1.3 条要求，并与建设单位、监理单位、设计单位协商。

2）抽样数量

（1）《混凝土结构后锚固技术规程》JGJ 145—2013 规定。

① 以同品种、同规格、同强度等级的锚固件安装于基本相同部位的同类构件组成一个检验批，并应从每一检验批所含的锚固件中进行抽样。

② 现场破坏性检验宜选择锚固区以外的同条件位置，应取每一检验批锚栓总数的 0.1% 且不少于 5 件进行检验。锚固件为植筋且数量不超过 100 件时，可取 3 件进行检验。

③ 现场非破损检验的抽样数量，应符合下列规定：

a. 锚栓锚固质量的非破损检验。

对重要结构构件及生命线工程的非结构构件，应按表 6-1 规定的抽样数量对该检验批的锚栓进行检验。

表 6-1 重要结构构件锚栓锚固质量非破损检验抽样表

检验批的锚栓总数	≤100	500	1000	2500	≥5000
按检验批锚栓总数计算的最小抽样量	20％，且不少于 5 件	10％	7％	4％	3％

注：当锚栓总数结余在两栏数量之间时，可按线性内插法确定抽样数量。

对一般结构构件，应取重要结构构件抽样量的 50％且不少于 5 件进行检验。

对非生命线工程的非结构构件，应取每一检验批锚固件总数的 0.1％且不少于 5 件进行检验。

b. 植筋锚固质量的非破损检验。

对重要结构构件及生命线工程的非结构构件，应取每一检验批植筋总数的 3％且不少于 5 件进行检验。

对一般结构构件，应取每一检验批植筋总数的 1％且不少于 3 件进行检验。

对非生命线工程的非结构构件，应取每一检验批植筋总数的 0.1％且不少于 3 件进行检验。

（2）《混凝土结构工程无机材料后锚固技术规程》JGJ/T 271—2012 规定。

混凝土结构工程无机材料后锚固施工质量现场检测抽样时，应以同一规格型号、基本相同的施工条件和受力状态的锚筋为同一检验批。锚筋抗拔承载力检验应分为破坏性检验和非破坏性检验，试验抽样应满足以下要求：

① 破坏性检验按同一检验批数量的 1％，且不少于 3 根进行随机抽样。

② 非破坏性检验对于重要结构构件及生命线工程非结构构件，按同一检验批数量的 3％，且不少于 5 根进行随机抽样；对于一般结构及其他非结构构件，按同一检验批数量的 2％，且不少于 5 根进行随机抽样。

（3）《建筑结构加固工程施工质量验收规范》GB 50550—2010 规定。

锚固质量现场检验抽样时，应以同品种、同规格、同强度等级的锚固件安装于锚固部位基本相同的同类构件为一检验批，并应从每一检验批所含的锚固件中进行抽样。现场检验分为破坏性检验和非破坏性检验，现场抽样应满足以下要求：

① 现场破坏性检验抽样时，应选择易修复和易补种的位置，取每一检验批锚固件总数的 1‰，且不少于 5 件进行检验。如果锚固件为植筋，且种植的数量不超过 100 件时，可只取 3 件进行检验。仲裁性检验的取样数量应加倍。

② 现场非破损检验的抽样应符合下列规定：

a. 锚栓锚固质量的非破损检验。

重要结构构件应按表 6-1 规定的抽样数量，对该检验批的锚栓进行随机抽样。

对一般结构构件，可按重要结构构件抽样量的 50％，且不少于 5 件进行随机抽样。

b. 植筋锚固质量的非破损检验。

对重要结构构件，应按其检验批植筋总数的 3%，且不少于 5 件进行随机抽样。

对一般结构构件，应按其检验批植筋总数的 1%，且不少于 3 件进行随机抽样。

(4)《砌体结构工程施工质量验收规范》GB 50203—2011 规定。

填充墙与承重墙、柱、梁的连接钢筋（通常称为拉结筋），当采用化学植筋的连接方式时，应进行实体检测。抽样数量应符合表 6-2 要求。

表 6-2　检验批抽检锚固件钢筋样本最小容量

检验批的容量	样本最小容量	检验批的容量	样本最小容量
≤90	5	281～500	20
91～150	8	501～1200	32
151～280	13	1201～3200	50

5. 胶粘锚固件的试验时间

《混凝土结构后锚固技术规程》JGJ 145—2013 附录 C.2.4 条规定：胶粘的锚固件，其检验宜在锚固胶达到其产品说明书标示的固化时间的当天进行。若因故需推迟抽样与检验日期，除应征得监理单位同意外，推迟不应超过 3d。

《建筑结构加固工程施工质量验收规范》GB 50550—2010 附录 W.2.5 条规定：胶粘的锚固件，其检验应在胶粘剂达到其产品说明书标示的固化时间的当天，但不得超过 7d 进行。若因故需推迟抽样与检验日期，除应征得监理单位同意外，还不得超过 3d。第 19.4.1 条规定：植筋的胶粘剂固化时间达到 7d 的当日，应抽样进行现场锚固承载力检验。

《混凝土结构工程无机材料后锚固技术规程》JGJ/T 271—2012 第 6.1.5 条规定：锚筋抗拔承载力检验宜在后锚固施工完毕 3d 后进行。如果养护温度过低，检验的时间可相应延后。

6.3　检验方法

1. 试验前的准备工作

（1）试验前应检测试验装置，使各部件均处于正常状态。

（2）位移测量仪应安装在锚栓、植筋或植螺杆根部，位移值的计算应减去锚栓、植筋或植螺杆的变形量。

（3）群锚试验时加载板的安装应确保每一锚栓的承载比例与设计要求相符。

（4）抗拔试验装置应紧固于结构部位，并保证施加的荷载直接传递至试件，且荷载作用线应与试件轴线垂直；剪切板的厚度应不小于试件的直径；剪切板的孔径应比试件直径大（1.5±0.75）mm，且边缘应倒角磨圆。

（5）建筑锚栓抗剪试验时，应在剪切板与结构表面之间放置最大厚度为 2.0mm 的平滑的垫片（如聚四氟乙烯），以使锚栓直接承受剪力。

（6）若试验过程中出现试验装置倾斜、结构基材边缘开裂等异常情况时，应将该试验值舍去，另行选择一个试件重新试验。

2. 检测条件

（1）在工程现场外进行试验时，试件及相关条件应与工程中采用的建筑锚栓的类型、规格型号、基材强度等级、施工工艺和环境条件等相同。

（2）在工程现场检测时，当现场操作环境不符合仪器设备的使用要求时，应采取有效的防护措施。

（3）基材强度和结构胶的强度，应达到规定的设计强度等级。

（4）试件的环境温度和湿度应与给定锚固系统的参数要求相适应。

（5）试验需要等到混凝土以及锚固胶到达规定的龄期，否则，不宜试验或需要在报告中注明。

3. 荷载检验值的确定

对于确定建筑锚栓的抗拔和抗剪极限承载力及植筋的抗拔承载力的试验，应进行破坏性试验，即加载至建筑锚栓出现破坏形态；对于建筑锚栓的抗拔和抗剪性能及植筋抗拔性能的工程验收性试验，应进行非破坏性试验。各试验荷载检验值的确定应符合下列规定：

1）破坏性检验

按照规定的加载程序施加荷载，直至锚固件或混凝土基材破坏。《混凝土结构工程无机材料后锚固技术规程》JGJ/T 271—2012 附录 A 规定破坏性检验的检验荷载值不应小于 $1.45 N_s$，N_s 为锚筋受拉承载力设计值，可按式（6-1）计算。

$$N_s \geqslant f_s A_s \tag{6-1}$$

式中　f_s——锚筋锚固段在承载力极限状态下的强度设计值（MPa），应由设计单位提供。设计单位未提供时，宜取抗拉强度设计值 f_y；

A_s——所检锚筋材料的截面面积（mm²）。

2）非破损（非破坏性）检验

《混凝土结构后锚固技术规程》JGJ 145—2013 附录 C 规定：采用非破损方法检验锚固抗拔承载力时，荷载检验值应取 $0.9f_{yk}A_s$ 和 $0.8N_{Rk,*}$ 之间的较小值。其中，f_{yk} 为锚栓或植筋的屈服强度标准值；A_s 为锚栓或植筋的公称横截面积；$N_{Rk,*}$ 为非钢材破坏承载力标准值，可按《混凝土结构后锚固技术规程》JGJ 145—2013 第 6 章有关规定计算。

《建筑结构加固工程施工质量验收规范》GB 50550—2010 附录 W 规定：对于植筋，应取 $1.15N_t$ 作为非破损方法检验荷载值；对于锚栓，应取 $1.3N_t$ 作为非破损方法检验荷载值。其中，N_t 为锚固件连接受拉承载力设计值，应由设计单位提供，检测单位及其他单位均无权自行确定。

《混凝土结构工程无机材料后锚固技术规程》JGJ/T 271—2012 附录 A 规定：非破坏性检验的检验荷载值不应小于 $1.15N_s$，N_s 取值见式（6-1）。

《砌体结构工程施工质量验收规范》GB 50203—2011 规定：锚固钢筋拉拔试验的轴向受拉非破坏承载力检验值应为 6.0kN。

4. 试验的具体过程

1）加载方法与位移量测

检验锚固拉拔承载力的加载方式可分为连续加载和分级加载，可根据实际条件选用，但应符合下列规定：

（1）非破损检验。

① 连续加载时，应以均匀速率在 2～3min 时间内加载至设定的检验荷载，并持荷 2min。

② 分级加载时，应将设定的检验荷载分为 10 级，每级持荷 1min，直至设定的检验荷载，并持荷 2min。

（2）破坏性检验。

① 连续加载时，对锚栓应以均匀速率在 2～3min 时间内加荷至锚固破坏，对植筋应以均匀速率在 2～7min 时间内加荷至锚固破坏。

② 分级加载时，前 8 级，每级荷载增量应取为 $0.1N_u$，且每级持荷 1～1.5min；自第 9 级起，每级荷载增量应取为 $0.05N_u$，且每级持荷 30s，直至锚固破坏。N_u 为计算的破坏荷载值。

（3）试验前可预加荷载，预加荷载可取建筑锚栓承载力设计值的 5%。预加荷载卸载后，应将位移调零。

（4）当需根据锚栓的荷载-位移数据来确定刚度或承载力时，应采用连续加载法；当验证锚栓的承载能力时，上述两种方法均适用。

（5）当抗拉试验出现装置倾斜、基材边缘劈裂等异常情况，或当抗剪试验出现试验装置或基材损坏等异常时，应做详细记录，并将该试验值舍去，另行选择一个试件进行补测。

2）终止加载条件

当出现下列情况之一时，可终止加载：

（1）在某级荷载作用下，建筑锚栓的总位移量大于设计提出的位移量控制标准。

（2）建筑锚栓或基体出现裂缝或破坏现象。

（3）试验设备出现不适于继续承载的状态。

（4）建筑锚栓拉出或拉断、剪断。

（5）化学粘结锚栓或植筋与基体之间粘结破坏。

（6）试验荷载达到设计要求的最大加载量。

3）破坏形态

（1）机械锚栓的拉拔破坏形态分为锚栓破坏、基体破坏和锚栓拔出/（穿出）破坏三类，如图 6-1、图 6-2 所示。

① 锚栓破坏：包括锚栓拉断、剪坏或拉剪组合受力破坏。

② 混凝土基体破坏：包括混凝土锥体受拉破坏、混凝土楔形体受剪破坏、基体边缘破坏及混凝土劈裂破坏等。

③ 锚栓拔出/（穿出）破坏，包括拔出破坏和穿出破坏。

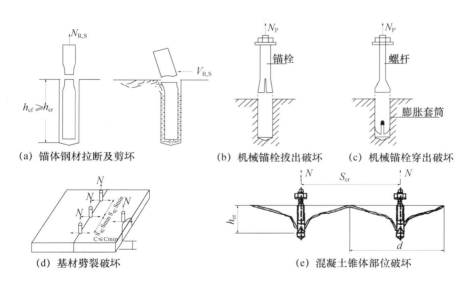

图 6-1 机械锚栓的拉拔破坏形态

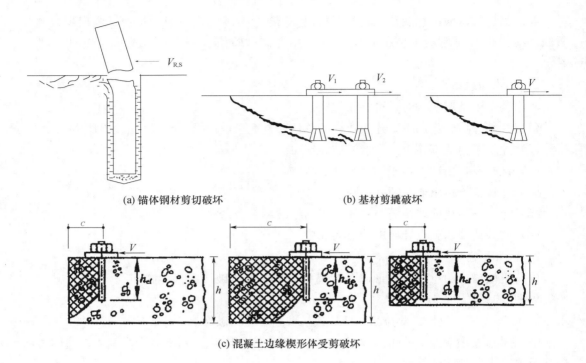

(a) 锚体钢材剪切破坏　　　　　　　　(b) 基材剪撬破坏

(c) 混凝土边缘楔形体受剪破坏

图 6-2　建筑锚栓剪切破坏形态

（2）粘结性锚栓、植筋和植螺杆的破坏形态分为钢材破坏、基材破坏和界面破坏三类。

① 钢材破坏包括锚杆、螺杆钢筋拉断、剪坏或拉剪组合受力破坏。

② 基材破坏包括混凝土锥体受拉破坏、楔形体受剪破坏、基体边缘破坏及混凝土劈裂破坏。

③ 界面破坏包括胶混界面破坏和胶筋界面破坏，如图 6-3 所示。

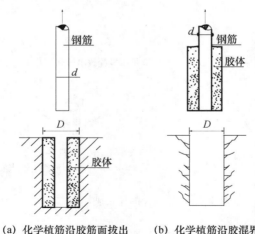

(a) 化学植筋沿胶筋面拔出　　(b) 化学植筋沿胶混界面拔出

图 6-3　界面破坏形式

（3）破坏形式描述。

混凝土锥体破坏：锚栓受拉时混凝土基材形成以锚栓为中心的倒锥体破坏形式。

混凝土边缘破坏：基材边缘受剪时形成以锚栓轴为顶点的混凝土楔形体破坏形式。

拔出破坏：拉力作用下锚栓整体从锚孔中被拉出的破坏形式。

穿出破坏：拉力作用下锚栓膨胀锥从套筒中被拉出而膨胀套仍留在锚孔中的破坏形式。

剪撬破坏：中心受剪时基材混凝土沿反方向被锚栓撬坏。

劈裂破坏：基材混凝土因锚栓膨胀挤压力而沿锚栓轴线或若干锚栓轴线连线的开裂破坏形式。

胶筋界面破坏：化学植筋或粘结型锚栓受拉时，沿胶粘剂与钢筋界面的拔出破坏形式。

胶混界面破坏：化学植筋受拉时，沿胶粘剂与混凝土孔壁界面的拔出破坏形式。

（4）破坏类型及影响因素。

现将锚栓类型及相应的锚栓破坏类型、破坏荷载、影响破坏荷载的因素、常发生的场合归纳为表 6-3。

表 6-3　锚栓破坏类型及影响因素

破坏类型	锚栓类型	破坏荷载	影响破坏荷载因素	常发生场合
锚栓或锚筋钢材破坏（拉断破坏、剪切破坏、拉剪破坏等）	膨胀性锚栓、扩孔型锚栓、化学植筋	有塑性变形，破坏荷载一般较大，离散性小	锚栓或植筋本身性能为主要控制因素	锚栓深度较深、混凝土强度高、锚固区钢筋密集、锚栓或锚筋材质差以及有效截面面积小
混凝土锥体破坏	膨胀型锚栓、扩孔型锚栓	破坏为脆性，离散性大	混凝土强度、锚固深度	机械锚固受拉场合特别是粗短锚固
混合破坏形式	化学植筋、粘结锚固	脆性比混凝土锥体破坏小，锚固件有明显位移	锚固深度、胶粘剂性能以及混凝土强度	锚固深度小于临界深度
混凝土边缘破坏	机械锚固、化学植筋	楔体形破坏，锚固件位置有一定偏移	边距、锚固深度、锚栓外径、混凝土抗剪强度	机械锚固受剪且距边缘较近的场合
剪撬破坏	机械锚固、化学植筋	锚固件位置有一定偏移	锚固类型、混凝土抗剪强度	基材中部受剪，一般为粗短锚栓
劈裂破坏	群锚	脆性破坏，本质为混凝土抗拉破坏	锚栓类型、边距、间距、基材厚度	锚栓轴线或群锚轴线连线
拔出破坏	机械锚	承载力低、离散性大	施工质量	施工安装
穿出破坏	膨胀性锚栓	离散性较大、脆性破坏	锚栓质量	膨胀套筒材质软或薄，接触面过于光滑
胶筋界面破坏	化学植筋	脆性破坏	锚固胶质量、钢筋表面胶粘剂强度低、施工质量、混凝土强度高、钢筋密集、钢筋表面光滑	—
胶混界面破坏	化学植筋	脆性破坏	锚孔质量、混凝土强度	除尘干燥、混凝土强度低的锚孔表面

6.4 数据处理与结果评定

1. 非破坏性检验

非破坏性检验的评定，应按下列规定进行：

1）单一试件的评定

试样在持荷期间，锚固件无滑移、基材混凝土无裂纹或其他局部损坏迹象出现，且加载装置的荷载示值在 2min 内无下降或下降幅度不超过 5% 的检验荷载时，应评定为合格。

2）检验批评定

（1）对于填充墙砌体植筋的锚固力检验可按表 6-4、表 6-5 执行正常一次、二次抽样判定。

表 6-4 填充墙体植筋锚固力检验正常一次抽样的判定

样本容量	合格判定数	不合格判定数	样本容量	合格判定数	不合格判定数
5	0	1	20	2	3
8	1	2	32	3	4
13	1	2	50	5	6

表 6-5 填充墙体植筋锚固力检验正常二次抽样的判定

抽样次数与样本容量	合格判定数	不合格判定数	抽样次数与样本容量	合格判定数	不合格判定数
（1）—5	0	1	（1）—20	1	3
（2）—10	1	2	（2）—40	3	4
（1）—8	0	1	（1）—32	2	5
（2）—16	1	2	（2）—64	6	7
（1）—13	0	3	（1）—50	3	6
（2）—26	3	4	（2）—100	9	10

（2）对于其他后置力学埋件的检验批评定，按以下要求执行：

① 一个检验批所抽取的试样全部合格时，该检验批应评定为合格检验批。

② 一个检验批中不合格的试样不超过 5% 时，应另抽 3 根试样进行破坏性检验，若检验结果全部合格，该检验批仍可评定为合格检验批。

③ 一个检验批中不合格的试样超过 5% 时，该检验批应评定为不合格，且不应重做检验。

2. 破坏性检验

1)《混凝土结构后锚固技术规程》JGJ 145—2013 中相关规定

（1）锚栓破坏性检验发生混凝土破坏，检验结果同时满足式（6-2）及式（6-3）要求时，应评定为合格：

$$N_{Rm}^{c} \geq \gamma_{u,lim} N_{Rk,*} \tag{6-2}$$

$$N_{Rmin}^{c} \geq N_{Rk,*} \tag{6-3}$$

式中　N_{Rm}^{c}——受检锚固件极限抗拔力实测平均值（N）；

　　　N_{Rmin}^{c}——受检锚固件极限抗拔力实测最小值（N）；

　　　$N_{Rk,*}$——混凝土破坏受检锚栓极限抗拔力标准标准值，可按《混凝土结构后锚固技术规程》JGJ 145—2013 第 6 章有关规定计算确定（N）；

　　　$\gamma_{u,lim}$——锚固承载力检验系数允许值，取 1.1。

（2）锚栓破坏性检验发生钢材破坏，检验结果满足式（6-4）要求时，应评定为合格：

$$N_{Rmin}^{c} \geq \frac{f_{stk}}{f_{yk}} N_{Rk,s} \tag{6-4}$$

式中　f_{stk}——锚栓极限抗拉强度标准值（MPa）；

　　　f_{yk}——锚栓屈服强度标准值（MPa）；

　　　$N_{Rk,s}$——锚栓钢材破坏受拉承载力标准值（N），可按《混凝土结构后锚固技术规程》JGJ 145—2013 第 6 章有关规定计算确定。

（3）植筋破坏性检验结果同时满足式（6-5）及式（6-6）要求时，评定为合格：

$$N_{Rm}^{c} \geq 1.45 f_{y} A_{s} \tag{6-5}$$

$$N_{Rmin}^{c} \geq 1.25 f_{y} A_{s} \tag{6-6}$$

式中　f_{y}——植筋用钢筋的抗拉强度设计值（MPa）；

　　　A_{s}——钢筋截面面积（mm²）。

2)《建筑结构加固工程施工质量验收规范》GB 50550—2010 相关规定

（1）当检测结果同时满足式（6-7）及式（6-8）要求时，其锚固质量评为合格：

$$N_{u,m} \geq [\gamma_{u}] N_{t} \tag{6-7}$$

$$N_{u,min} \geq 0.85 N_{u,m} \tag{6-8}$$

式中　$N_{u,m}$——受检锚固件极限抗拔力实测平均值（kN）；

　　　$N_{u,min}$——受检锚固件极限抗拔力实测最小值（kN）；

N_t——受检锚固件连接的轴向受拉承载力设计值（kN）；

$[\gamma_u]$——破坏性检测安全系数，按表6-6取用。

表6-6　检验用安全系数 $[\gamma_u]$

锚固件种类	破坏类型	
	钢材破坏	非钢材破坏
植筋	≥1.45	—
锚栓	≥1.65	≥3.5

（2）当 $N_{u,m} < [\gamma_u] N_t$，或 $N_{u,min} < 0.85 N_{u,m}$ 时，评定该批锚固件锚固质量不合格。

3）当试验结果不满足上述相应规定时，判定该检验批后锚固连接不合格，需会同有关部门依据试验结果，研究采取专门措施处理。

3. 例题

某加固工程，初步方案采用后植直径22mm 的 HRB400 钢筋作为新设柱的主筋，为验证方案的可行性，对部分植筋进行破坏性检测，检测结果见表6-7。

表6-7　植筋检测结果汇总表

序号	测试位置	植筋规格 ϕ（mm）	检测拉力值（kN）	检测破坏状态
1	2号柱主筋1	22	207.6	钢筋拉断
2	2号柱主筋2	22	225.8	钢筋拉断
3	2号柱主筋3	22	193.3	钢筋拉断

查《混凝土结构设计规范》（GB 50010—2010）表 4.2.3-1 可知，HRB400 钢筋抗拉强度设计值 $f_y = 360$MPa。查《钢筋混凝土用钢　第 2 部分：热轧带肋》（GB/T 1499.2—2018）可知直径 22mm 钢筋公称横截面积 $A_s = 380.1$mm²。依据《混凝土结构后锚固技术规程》（JGJ 145—2013）对检测结果进行分析：

平均值 $N_{Rm}^c = 208.9$kN $> 1.45 f_y A_s = 1.45 \times 360 \times 380.1 = 198412$N $= 198.4$kN，

同时最小值 $N_{Rmin}^c = 193.3$kN $> 1.25 f_y A_s = 1.25 \times 360 \times 380.1 = 171045$N $= 171.0$kN。

破坏状态均正常，检测结果符合规范要求。